いつかはみんな野生にもどる

いつかはみんな野生にもどる

環境の現象学

河野哲也

水声社

ecocriticism collection
エコクリティシズム
コレクション

美は奇跡でもなければ、偶然の結果でもない、インディオの女の美しさは、自由の結果である。道徳や宗教の禁制を恐れることなく、あるがままであるという自由。自分の肉体と精神のために、労働と交合と分娩を選ぶ自由。愛さなくなった男から逃れ、気に入った男を求める自由。堕胎用の煎じ薬を飲む自由。子供が欲しくなければ、分娩の際に毒殺してしまう自由。気に入った家に住み、欲するものを所有し、憎むものを拒む自由。肉体の自由と裸身の自由。自分の顔を手入れする自由。競争相手もなく、自分自身の姿態以外には、他の何者とも競うことがないという自由。不品行の自由と分別の自由。

――ル・クレジオ『悪魔祓い』高山鉄男訳、岩波文庫、二〇一〇年、三〇頁。

目次

第一章　マヤ文明、チチェン・イッツァの球技

私は「自然」のために、つまり、絶対的な自由と野生のために、お話ししたいと思います。

——ヘンリー・ソロー『歩く』山口晃編著、ポプラ社、二〇一三年、三六頁。

チチェン・イツァ

筆者は二〇一四年の初秋に、かねてより自分の目で見てみたいと思っていたマヤとアステカの遺跡を訪れた。どうしても訪問したかった理由は、他の古代文明は現代においてもどこかで継承されているのに対して、メソアメリカの古代文明は現代社会と途絶しているように思われたからだ。失われた全く異質の文明というイメージは、好奇心を強く刺激する。私もまた、子どもの頃から考古学に憧れていた人間である。最初に訪問したのは、チチェン・イツァである。

チチェン・イツァはメキシコ、ユカタン半島の東端に位置する後期マヤ文明イツァ族の遺跡である。メキシコで最も有名なリゾート地、カンクンから観光バスが出ており、日帰りで観光できる。

カンクンは、カリブ海に面した美しく長い砂浜に、高級なホテルやレストランが立ちならんだ観光地で、東海岸のアメリカ人が数多く訪れる。空も海もこれ以上ないほど青い。赤や黄色をしたパラセールが、観光パンフレットに載っているそのままの綺麗さで青い空に映えている。メキシコ政府の後押しで開発されたいくつもの美しい大きなホテルには、プライベート・ビーチがついている。広々とした部屋で、波の音を聞きながらゆっくりくつろぐことができる。整然としたビーチ・サイドと対照的に、カンクンのダウンタウンは、小さな工場や商店が雑然と密集した、埃っぽい、やや忙しない街だった。

　カンクンから早朝にツアー・バスに乗り、国道を真東に方向に約二時間、チチェン・イツァに到着する。バス駐車場から降り、周りを緑に囲まれてはいるが、露天の土産物屋が長々と立ち並んだ舗装されていない歩道を通り抜けると、突然に広く開けた場所に出た。そこに遺跡が現れた。

　この文明は、誤差のない三種類の暦、発達した天文学的知識、ゼロの概念をもった数学で知られている。石器のみを用いて、鉄器をつかわなかった。金属が作れなかったのではなく、装飾や工芸だけに金属を用いたのである。大型哺乳類がいないので、家畜で農耕をすることがなく、農業はすべて人力で行われた。六〜七世紀に繁栄し始め、一〇世紀に最盛期を迎える。[1] この文明には一〇〇ほど舗装道路があり、当時の人口は三万五千を超えたという。ただし、マヤ文明では密集型の集落を形成せず、神殿を中心とする一種の都市国家が多数作られたとされる。

　チチェン・イツァの遺跡には、エル・カスティーヨと呼ばれる有名なピラミッドがある。マヤの

チチェン・イツァのカスティーヨ

カスティーヨのククルカン

最高神であり、風と豊穣の神であるククルカンを祀る神殿である。ククルカンは蛇の姿をした神であるが、羽毛を生やしている。エル・カスティーヨの底辺は六〇メートル、高さが三〇メートルで、巨大という感じではない。しかしその作りは特徴的だ。四方の基壇の階段は九一段あり、上方に神殿への階段は一段、全部で計三六五段。彼らの用いた太陽暦での一年である。ピラミッドの石組みはじつに正確である。

春分秋分のときにはピラミッドは真西から照らされる。すると、階段部分が地面に影を作り、そこにジグザグにうねる背をもった大蛇、ククルカンの姿が現れる。宗教的・政治的なピラミッドの横には、天文観測所がある。長方形の基壇の上に建てられた三層の円柱形をしている。精密な暦はここで観測された。観測所の内部には、巻き貝のような螺旋系の階段があるために、スペイン語の「巻き貝（カラコル）」という名で呼ばれているそうだ。

しかし筆者が一番、関心を持ったのは、同じ遺跡にある球技場だ。サッカー場よりもかなり縦長で（一五〇メートル以上ありそうだ）、幅が狭い感じのフィールドで芝が貼られている。腰や足を使った球技が行われたといわれる。フィールドの周りは、高さが一〇メートルはありそうな石組の壁に囲まれていて、球技をするのであれば、ボールは跳ね返って来る感じだ。遺跡にあった解説プレートによれば、防具をつけた戦士たちが二チームに分かれて、球場の中心の両側壁についている円形の石の輪にボールを通すと得点になったと説明されている。

実際に見たところ、その輪は、建物で言えば三階くらいの高さにある。そのうえ穴はかなり小さくて、手を使って投げてもボールを通すのは至難の技に思われる。防具をつけていたのだから、少なくてもラグビーやアメフトのように体当たりなどして敵側を妨害していたのだろう。そのなかで、腰や足だけでどうやってボールを通過させるのか。解説が間違っているのではないか。あるいは、マヤの選手は超人的な練習をこなしていたのか。輪には網のようなものが張られていたとも言われるが、本当のところ、どのような競技であったのかはよく分かっていない。

球技は、単なるスポーツではなく、宗教的な祭儀の一部であったという。球技に優勝したチームのキャプテンは、生け贄となる栄誉を授けられるのだ。その逆に、負けた側が犠牲になったという説もある。試合が白熱し、生贄を差し出すと雨がもたらされ、作物は豊作となり、社会は潤うと信じられていた。競技場の壁には、首をはねられた競技者の姿を刻んだレリーフがあり、そこから流れた血がヘビに姿を変えて、大地に染み込むところが彫り込まれている。優勝者はククルカンと一体化する。当時のマヤの宗教観では、生け贄になるのは最高の栄誉だったとされる。こうした球技場は、マヤ以外のメソアメリカ各地に残っており、広く行われていたことがわかる(2)。

イッァ族は、犠牲を求める慣習を他にももっていた。ユカタン半島には川がほとんどなく、雨水がたまった「セノーテ」と呼ばれる泉が飲料と農業用に用いられた。イッァのピラミッドの真北方向にやや離れたところにある「聖なる泉」でも、生け贄の儀式も行われていた。雨や豊作を願って財宝や生贄の人間が投げ込まれたという。西洋人は発見したときには、泉の底には、財宝や人骨が一二〇体ほど発見された。約一千年間、栄えたことを考えれば、それほどの数ではないのかもしれない。

イツァ族も属するマヤ文明は、メキシコの東南部、ユカタン半島の文明である。同じくメキシコの先住民文明として有名なアステカ文明は、メキシコ中央部を領土としていた。アステカ人たちは自らを「メシーコ」と呼んでいたので、ここから「メキシコ」という国名がついたのは周知の通りである。

アステカ帝国は、一三世紀初頭から一六世紀初頭まで続いたので、チチェン・イツァよりはずいぶん時代が後になる。アステカでは、大量の戦争奴隷が毎日のように生け贄にされ、特別な儀式のときには、いちどきに数千名もが人身御供にされ、その屍体を人肉食していたという。想像を超える習俗である。このアステカの儀式に比べれば、イツァ族の血なまぐさささはかなり薄味かもしれない。

大学で倫理学を教えていると、道徳観は文化に相対的であってよいと考える学生が日本ではかなりいる。そのときには、アステカの人身御供と人肉食の説明をしてから、もう一度、道徳観は文化相対的であってよいかどうかを尋ねることにしている。こう尋ね返すと、多くの学生の判断は揺れる。つまり、普段、学生たちは単に外国の人々に関心を持っておらず、自分に関係しない人々の道徳的生活などどうでもよいと思っているだけの相対主義であることが分かる。多くの日本人は、自分たちは世界の関係性の果ての小さな場所に住んでいて、その末端から自分たちの考えがどこか他の場所に届くことはないと思っているのかもしれない。もちろん、この考えは間違いである。

イツァ族の球技場

テオティワカン

チチェン・イツァを訪れたあとにメキシコシティに移動し、テオティワカン遺跡を訪れた。テオティワカンは、マヤ文明のあったユカタン半島からは遠く、メキシコシティの北方五〇キロ、自動車で一時間と少し行ったところにある。やはりガイドのついたバス・ツアーに申し込み、早朝にホテルから出発して、メキシコシティにあるいくつかの歴史的な記念物を見学してから、テオティワカン遺跡に到着する。

チチェンのように道端に長々土産物屋が続くのではなく、観光センターがある。遺跡の中でも、手に持って土産物を売る人たちがいるが、ガイドの話ではふっかけられることがあるから注意したほうがよいとのことだった。

テオティワカン遺跡は、紀元前二世紀に建造されたメキシコ最大の古代都市である。四〜七世紀の間に栄え、約二〇万人の人口だったと推測されるという。数学、天文学、建築学の高度な知識があったのだろう。

驚くほど幅広い舗装道路、整然と設計された都市、ピラミッドの石垣の完璧さが目に明らかだ。場所としては、アステカと同じ場所にあるが、テオティワカンはアステカ文明にはるかに先行する時代に生まれ、七世紀半ばに衰退した別の文明である。アステカ人が一二世紀にこの地にやってきて廃墟を見つけ、「テオティワカン」すなわち、「神々の都市」と名付けたのだという。

テオティワカン文明も壮大かつ血なまぐさい文明であった。遺跡には月のピラミッドと太陽のピラミッドがある。太陽のピラミッドは巨大で、一辺が二二五メートル、高さ六五メートルある。筆者も頂上まで登ることを試みたが、いまだに真夏を思わせたあまりの暑さと、足元が危うい急な階段を登る疲れがたまって、途中三分二くらいで諦めてしまった。月のピラミッドは太陽よりも小さく、一辺一五〇メートル高さが四二メートルあり、階段で登れるところまで登った。祭壇のある上部からは、広い遺跡全体と遠くの山々まで見渡せる。宗教儀式は月のピラミッドが中心に行われ、ピラミッドとしての重要性はこちらの方が上だとされる。日本で言えば、飛鳥奈良時代に、すでにこの巨大な石造りの技術をもっていた。

太陽と月のピラミッドを南北に直行する形で大通りが通っており、これが「死者の道」とよばれる。この文明の神話によれば、月と太陽とは、神々が苦しい修行をして、自分の体を燃えさかる火の中に投じて作った物だという。しかし神は火の中で死んでしまったので、月も太陽も止まってしまった。それを動かすためには、今後は人間が神々のように犠牲にならなければならない。二つのピラミッドで生け贄の儀式が行われた。神は死に、その代わりにもっともっと人間が死ななければならない。なんと恐ろしく、なんと魅惑的な神話だろうか。

テオティワカンの建造物は巨大なだけではない。真っ青な空を通り越して何か宇宙にまで到達しそうな垂直的な力が、建造物や都市に感じられる。宇宙的な普遍性を感じさせるのが文明だとすれば、まさしくテオティワカンは文明である。それに対して日本の文物はどこまでも人間的であり、文化としか呼べない。メキシコの古代文明は宇宙人が作ったのだというSF的な俗説を耳にするが、月のピラミッドの頂上に立ち、平らな台地に続く遥か遠くの山脈、体に悪そうなくらいに青いコバルト色の空を眺めていると、それも信じられる気がしてくる。

たしかに、ギリシャ・アテネにあるパルテノン神殿を見たときも天に直接繋がるような垂直性を感じた。しかし、テオティワカンは、アテネとは比べものにならないほど土地全体の高度が高く、台地に起伏が乏しいために、ピラミッドのうえから広々と周囲の光景が見渡せる。そのせいなのか、テオティワカンは、ギリシャとはまったく異なった、大地に忽然と現れたかのような、突然たる宇宙性を感じる。

そして政治体制の面でも、民主主義を生んだ古代ギリシャとテオティカワンとはほぼ対極にあると言えよう。メキシコの古代文明の政治は、大量の生け贄までも求める強い宗教性を帯びていた。マヤ人もアステカ人も、なぜ、生け贄が宇宙を運行させると考えるに至り、そのようなことを信じ続けることができたのだろうか。

現在のメキシコにも、「死者の日」(Día de los Muertos)という祭日がある。日本で言えば、盆に相当する祝祭日である。カトリックにおける諸聖人の日である一一月一日・二日に行われるので、一般にはハロウィンのようなものと思われているが、もともとはアステカ時代から祖先の骸骨を身

ティオティワカン遺跡の太陽のピラミッド，手前の土産物屋

月のピラミッド

近に飾る慣習があったことに由来している。アステカ族には冥府の女神ミクトランシワトルを祀る祝祭があった。それが、やがてカトリック化して、死者の貴婦人、カトリーナに捧げる祝祭に変じたのである。カトリーナはドクロの顔をしている。ドクロの人形や置物はメキシコの観光土産としてどこでも売られている。いまでもメキシコでは、ドクロは死と生まれ変わりの象徴である。

球技と生贄

アステカやテオティワカンと比べれば、マヤのイッツァの生け贄の儀式は小規模だったかもしれない。しかし、だからといって、現在の私たちの観点からこの時代のマヤ民族を穏やかな民族と呼ぶのは間違いだろう。

聖なる泉だったセノーテは、今は観光地になっていて、多くの観光客が歓声をあげて泉に飛び込み、涼をとるために泳いでいた。一千年前のこととはいえ、かつては下に生け贄の死体や宝物がたくさん沈んでいた祭儀の場所である。そこで水泳を楽しむなど、何となく薄気味が悪い感じもするし、他人の墓地で宴会をしているかのような不謹慎な感じもする。

マヤ文明は単一の民族からできていたわけではなく、言語も民族も多様であった。生贄についてのガイドの話を信じれば、マヤ文明のある都市では、親も五〇歳を超えると悪魔になると考えられ、

聖なる泉セノーテ

アステカの仮面（メキシコ国立人類博物館収蔵）

神官以外は生け贄にされたという。しかし、この部族は、当時のマヤの他の部族からは親を大切にしない残酷な部族として軽蔑されていたという。生贄に関する考え方も、それぞれのマヤ民族で異なっていた。

さて話を、マヤ文明のチチェン・イッツァの球技に戻そう。もし勝ったチームのキャプテンが生贄になり、それが最高の栄誉として語られ祀られるのならば、負けた方が生け贄になるよりも、球技参加への動機は高まるはずである。もちろんこれも推測や想像にすぎないのだが、いずれにせよ古代のマヤでは、共同体のために死ぬことが名誉とされていた。

しかし現代人から見れば、いかに球技の競技者が自らの意思で生け贄になったとしても、こうした風習や制度は恐ろしく思われる。見方によっては邪悪でさえある。なぜだろうか。それは命を奪う犠牲の儀式が残酷だという理由だけではない。いくら生け贄を捧げても雨が降ることとは無関係であり、生け贄が因果的に無効だからである。つまり、共同体の誤った信念によって生け贄が無駄死しているからである。

ユカタン半島は河川が乏しい地域であり、貯水池などの技術がなかった時代の農業社会において降雨は死活問題であったろう。そうした地域と気候の中で、天の恵みを祈る気持ちは現代人にも理解できる。いや、降雨のみならず、自然の変化は人間の力ではままならないことは現代においてもなんら変わりない。現代人でもできることといえば、せいぜいそれを予測して備えることくらいなのだ。

古代メキシコにおいても、植物に水をやれば花咲くように、生け贄が因果的に直接に降雨をもたらすとは信じられていなかっただろう。生け贄は、自然への捧げ物ではなく、神への捧げ物である。神話は、共同体のなかの誰かによって創作され、その住人によって真実として継承される。その神話の物語に基づいて、実際には何の効果も持たない人身御供の儀式が繰り返されてきた。これを私たちは非合理と呼ぶだろう。非合理であるのは、その共同体の判断が自然にではなく、共同体の恣意的な信念や慣習に基づいているからである。自然のなかに非合理はない。自然は一定の摂理に従って運行されている。非合理なのは自然ではなく、つねに社会の慣習であり、社会で共有される信念の方である。

アメリカ大陸には、人種的にはマヤ人に近い北米のインディアンやイヌイット、エスキモー、南米の南端に住むインディオといった人々が暮らしていた。彼らは多くの場合には、狩猟と採集、遊牧、そして、「アグリカルチャー」というよりは「ガーデニング」と呼んだほうがよい小規模な農業を営んできた。彼らも自然の気まぐれによって自分たちの生活が困窮し、神に祈りを捧げることもあったであろう。しかし、彼らはこれほど大規模な生け贄の儀式をおこなうことはなかった。もちろん、彼らの集団の規模がそれほど大きくないことがその主な理由であろう。しかし、どのような大きな生け贄の儀式も、自然の前では、自分の小さな祈りと同じ程度の効果しかないことを知っていたからではないか。

それに対してマヤ文明は大きな人口を抱える都市国家群であり、天体の運行についてほとんど科学的と呼ぶべき知識を有していた。自分たちは自然を変えられるという意識が芽生えていてもおかしくはない。その自然を制御せんとする欲望と、実際には自然を変えられない現実の無力さの混合の結果が、非合理な生け贄の儀式なのではないか。

こうした欲望がマヤ文明だけのものではないことはいうまでもない。生け贄の儀式は、生け贄の死を共有することによって、共同体の紐帯を強めようとする儀式である。犠牲の存在によって、現在の共同体のあり方に重石を敷き、現在の体制を強化する。自然を支配する戦いをもって、共同体の絆としたわけである。

マヤ文明は、しばしば占いの結果で神殿ピラミッドを繰り返し新造したという。現代の研究によれば、マヤ時代では、戦争や人口増によって環境悪化などの問題が生じていた。諸王は、自らの権威が揺らいでくると、かえって自らの力を誇示し、支配を正当化するために、当時の宗教観念に従って巨大なピラミッドを繰り返し建設した。神々と自分はつながっており、その助けを請うということだろう。

このような当時の権力者たちの「問題解決」は、現在の私たち視点からはまったく無駄なことに思われる。巨大神殿を作ったり遷都などしたりせずに、その費用と労力を人々の生活をよりよいものにするように用いることは可能であっただろう。現代人にとってよりよい生活とは、災害から多くの被害を被らず、食料が安定し、病気がひどくならず、長生きできるということである。それは基本的な人間の生存を確保するという意味で、自然環境との関係のなかで人間が生物として生きていくということである。人間の生活をこの意味での自然さに着地させ、自然さを基準として自分たちの文明を組み立てるならば、私たちの生活は、人間の制度や文化がもつ恣意性に左右されることはないだろう。

しかしそれに対して、権威を重んじる共同体は、そこのエリートたちが「神」の名のものに定めた制度と文化によって人間の行動が左右される。その制度と文化そのものは神聖視されているがゆえに見直されることはない。共同体に属する人々の振る舞いは、外部から見るとまったく無駄な、意味のない、恣意的な理由に則って行われているように見える。

私たちの社会は、このような権威的な共同体の否定の上に成り立っている。それは、自然な生活を基準として、共同体のそれまでの伝統的な習俗、信念、慣習、制度、文化を吟味し、改変することである。言い換えれば、それは「自然」が「文化」に打ち勝つことであり、これが私たち現代の文明の大前提なのではないだろうか。文化的恣意に対して自然的必然性が勝利することこそが、合理性なのではないだろうか。「自然的必然性の勝利」とは、人間の基本的な欲求に答えるだけの、一見すると、素朴であり、生存に直接的であり、ときに「動物的」とさえ呼ばれかねないような生活感覚によって、洗練された、発達した、複雑で、伝統的な文化を根本から問い直し、ときにそれらをご破算にすることである。

社会を改革するには、人間が単にひとつの動物として生存していることへの、言い換えれば、生命そのものへの敬意を持たねばならない。これがおそらく「人権」と呼ばれる思想の根底にある健全でまっとうな感覚なのだ。人間の生命そのものは、その産物にすぎない社会や文化なるものよりもはるかに偉大である。この感覚が人権と民主主義の基礎をなすものなのだ。

先に触れたが、マヤのある部族には親を生け贄にする慣習があり、他の部族ではそれを嫌っていたという。その部族は、他の部族が自分たちの儀式を嫌っていることを伝聞で知っていただろう。であるならば、その部族の中にも、自分たちの親殺しの慣習に疑問を持つ者が生まれてもおかしくない。イツァのククルカン神は風と豊穣の神であるが、学問や文化を授けた神でもある。そして一説によれば、ククルカン神は人々に残酷な生け贄の儀式をやめるように諭し、それが暗黒神テスカトリポカとの争いの原因となったという(3)。

これは神話の形で表現されているが、当時に人々の間に生け贄の儀式をめぐって意見の対立や宗教論争、そしておそらく政治闘争があったことを示している。古代文明の中でも、自分たちの習俗と慣習、信念についてさまざまな異論があったのだ。マヤ文明でも、個人は共同体の中に完全に埋没していたのではなかった。自分たちの共同体の生活様式に疑問を感じた個人や家族がどのように身を処していたのか、願わくば知ってみたいものである。

マヤ族の人々は背が低い。平均すると、男で一五〇センチ、女性は一四〇センチくらいにみえる。肩が張り、首が短いところに身体的な特徴がある。チチェン・イツァ遺跡の中とその近辺では、たくさんのマヤ族が露店で土産物を並べている。ジャガーの鳴き声に似た音を出す笛、マヤの暦版、いろいろな仮面、石を彫った玉、銀細工とかが、賑やかに並んでいる。

どれも一ドルからせいぜい五ドル、「大安売りだよ、無料みたいなもんだ」というかけ声はその通りであるが、多くの観光客は見るだけで買うことなく、通り過ぎていく。政府から補助金が出ているのだろうか。土産物の売り上げだけで生活するのは難しそうに思える。土産物は自分たちで手作りしているが、大量生産品と呼びたくなるようなどれも似たような作りであって個性や芸術性は乏しいと言いたくなる。

メキシコシティにある国立人類学博物館に展示してあるマヤ時代の遺跡から発掘された工芸品は、目を見張るような多様性と個性、芸術性に満ちていた。メキシコ国内のそれぞれの文明を、先古典期、トルテカ、アステカ(メヒカ)、オアハカ、メキシコ湾岸、マヤ、西部、北部と分けてあり、それぞれの微妙な違いがよく分かるようにうまく展示されている。二階は、現代のインディオたちの生活を、民芸品を中心に展示してある。一階と二階の場所は上下で対応していて、一階が過去の生活、階段を上がった二階の同じ位置が現在の生活になっている。メソアメリカの先住民たちの生活がどう変わったかを知ることができる。だが、一階の展示物、とくにアステカとマヤの古代文明の迫力は凄いものがある。しかも、個々の焼き物は、似た構造を持ちながらも、表情や造作ひとつひとつにはっきりとした特徴と個性がある。生き生きとした表現と生命力に満ちていて、その力強さに圧倒されんばかりだった。

これと比べると、現在の遺跡で売られている土産物は、それらの博物館の展示物を模してはいるが、芸術性や迫力においてオリジナルとは比べるべくもない。こう言うとせっかく作っている人たちには申し訳ないが、抜け殻のような複製物だ。遺跡近くの小さな町で中学校帰りの生徒さんたちが楽しそうに話しながら帰宅していた。彼らは、将来何を目指しているのだろうか。あそこは住みやすいコミュニティなのだろうか。少し気になった。

第二章　旅の現象学——アリゾナの「山の身になって考える」

シカの群れがオオカミに戦々恐々としながら生活しているのと同様に、山はシカの群れに戦々恐々としながら生きているのではなかろうか。

——アルド・レオポルド『野生のうたが聞こえる』新島義昭訳、講談社学術文庫、一九九七年、二〇七頁。

自然の無意味

子どもの疑問はしばしば哲学的である。子どもが大人に問うことのもっとも多いのが、世界や宇宙、自然、生命体が何のためにあるかという問いである。私たち、現代社会の大人は、自分の人生が何のためにあるかと問うことはあっても、世界、宇宙、自然、生命全体といった自分を包み込んでいる大きな存在の目的や意味づけそのものを問題にすることは少ない。さらに言えば、動物はこのような問いをもたないように思われる。目的や意味を問うのは、人間的なことである。自然や人間以外の生命体は、自分にどんな意味があるかなどに頓着せずに運行し、生活している。

現代社会の大人は、自然や生命について、その目的や意味を問うことはしない。大人にとって目的や意味の問題は、もっぱら社会と人間関係のなかから生じてくる問題である。だが、子どもは、自然や生命といった大きな存在についても、その意味と目的を知ろうとする。子どもは自然と向かい合い、大人は自分たちの作り出した社会の中に閉じこもる。

意味、目的、価値。私たちは、これらのものを自分の人生のなかで見いだそうとする。自分が生きている意味とは何か、人生の目的とは何か、この仕事や勉強にどんな価値があるのか。概念として、意味、目的、価値は、それぞれ異なった定義がなされるが、共通性もある。たとえば、それらには、どこかに向かうという「方向性」の意味合いが含まれていることである。

私たちが「意味」について語る場合、言葉のもつ言語的な意味をモデルにしている。言葉に意味があるとは、たとえば、「本日は休日です」のように、音声や紙の上のインクの染みが現実の何事かを指し示すことである。あるいは、たとえば、「火事だ、逃げろ」といった場合のように、音声が誰かに何かをするように指示したり、示唆したりすることである。言葉が意味をもつということは、聴き手を何かに向かわせる力があるということである。

また、意味も、目的も、価値も、方向性をもっている。それは、あるものを選び、他のものを選ばない、という選別でもある。どこかに頭を向けてどこかに背中を向けること、どちらかを向いてどちらかを向かないことである。「意味」という言葉の意味は、私たちの身体の構造とその移動という振る舞いに基礎を置いている。ある場所からある場所への移動、それもある場所からより良い場所への移動が、意味、目的、価値という概念のモデルになっているのではないだろうか。

動物も移動する。動物も同じように、そのときどきで方向性をもった行動をとる。エサを見つけようとするし、暖かい場所に動こうとする。つがいとなる相手を見つけようとする。それでも人間の行動に特徴があるとすれば、それは、さまざまな移動の方向性を大きなひとまとまりへと統合しようとすることではないだろうか。つまり、いま、ここ、だけを生きる意味ではなく、自分の人生全体の意味とは何かを問題にする。小さな好奇心やその場かぎりの関心についてではなく、学問や科学の全体の価値はどこにあるのかと問いをたてる。私たちは、大きなまとまりとしての方向性を自分の行動の指針にしようとする。

意味、目的、価値という概念にはもうひとつ特徴がある。それは、それらの概念が、ある事柄を終局点から位置づけようとする点である。「この勉強をする意味はどこにあるのか」という中学生の問いは、自分が到達すべき地点に現在の勉強がどのように結びついているのかを尋ねている。「この作業の目的は何ですか」と問う労働者は、最終的な生産物を作り出す工程のなかでいまの作業がどこに位置するのかを聞いている。意味、目的、価値は、こうして、最終到達点に至る道程を指し示す概念である。それらは、全体を一定の方向性へと絞り込もうとする意図を持った言葉だ。

この人間の傾向を、「志向性」と呼んでもよいかもしれない。

私たち人間は、見方によっては哀れなことに、ただ単に生きることに満足ができない。人間はただ存在していることができない。私たち人間は、意味、目的、価値と呼ばれる最終到達点に至る道を歩んでいこうとする。そして、その到達点から、逆算して自分の現在の位置に意味を見いだそう

とする。(1)

本書の第一の目的は、この人間のあり方に対して疑義を立てることにある。意味に対立するのは無意味である。無意味とは、どこにも向かうことがなく、何とも結びつくことなく、ただ存在することである。あるいは、どこにでも向かい、何に対しても結びつきながら、ただ存在することである。筆者は、ある年齢になってから無意味なものに魅了され続けている。無意味で美しいものに。

私たちは、この無意味性をしばしば自然に見いだす。ダーウィンの進化論は、まさに無意味の問題を私たちに突きつけてくる理論であり、思想である。ダーウィニズムにおける進化とは、価値の向上としての進歩を意味するのではない。進化とは、生物個体群の性質がある特定の場所に適応する過程のなかで、世代を経るにつれて変化する現象を指している。それは、突然変異によって生まれた諸個体が、ある特定の環境によりよく適応することである。そしてそれ以上のことではない。単純化すれば、進化とは、ある場所にうまく住めるようになったというだけのことだ。進化という概念には、本来、何らの価値の前進が含まれていない。

ダーウィンがビーグル号の航海で見つけたように、一団の生物がガラパゴス諸島に移動してきた。そして、何世代もかけてそこに住み着いた。自分たちをそこで生き抜くのに適した形に姿を変えて。ガラパゴス諸島に適応したカメや海鳥が他の島々に適応したカメや海鳥に比べて、何かの価値の上昇が生じたわけではない。人間の身体も進化の産物である。私たちの祖先である生き物たちと比較して、私たちに何かの価値の向上が生じているのではないはずだ。もしも生物の進化に「進歩」という価値が持ち込めるとしても、それは、環境がいろいろに変化しても個体がそれに適応して生存できるといったこと以上ではないはずである。

しかし私たちは、人間は動物とは決定的に異なっていて、人間は価値の観点から何かが向上しており、動物よりも進歩していると考えている。私たちは、ダーウィニズムという科学理論は、動物の進化を説明しても、人間の進歩を説明してはいないと考えている。人間の進歩は、意味、目的、価値といった概念によって表現され、私たちは自分の人生とはそれを求める過程であると考えている。とすれば、意味、目的、価値は、生物界の進化とは切り離された人間の領域だけに存在するものだということになるだろう。

そして、それらの概念が持っている「最終到達点に至る方向性」は自然から与えられたものではなくて、人間同士の関係の中で、社会や共同体や文化と呼ばれているものの中で作り出されてきたものだと考えてよいのではないか。しかし、もしそうならば、進歩とは、人間たちが自分たちで生み出したものを自分たちで礼賛する、自己満足的で自家発電的な考えから生じた概念ではないだろうか。

ここで私に思い浮かんでくる問いは、次のようなものだ。第一に、意味は、誰がどのようにして決めるのかという問題だ。もちろん、そこには「何についての意味(目的・価値)なのか」という問いが先行する。たとえば、私の人生の意味は、誰がどうして決めるのかとか、社会の存在する目的は何であり、誰がどうしてそれを決めているのかという問いが思い浮かぶ。

だが、もうひとつ重要な問いは、なぜ私たちは、意味や目的や価値を求めるようになったのかである。別の表現を使えば、なぜ私たちは自分の人生を向上させ、進歩させようとするのか、である。この問いは、なぜ私たちは向上心を持つのか、あるいは、なぜ私たちは権力欲を持つのかという問いと同じであろう。向上心や権力欲はそんなに素晴らしいものなのだろうか。それらは、一種の暇つぶし以上のものをもたらすのだろうか。

旅と遊び

意味とは、どこかへの人間を向かわせる力のことであった。目的や価値は、それに向かってさまざまなことが結びついている終着点のようなものだ。たとえば、自分の作っている食料品が消費者の健康を損ねているという理由で、自分の仕事に意味を見いだせなくなったと嘆く人を考えてみよう。

その人が携わっている生産工程はたしかにある食料品を作り出すために一部をなしていて、生産工程としては意味がある。しかし、その製品が健康被害をもたらしている点で、その人は、自分の仕事は意味を失ってしまったと考えた。消費者の健康な食生活という終着点に向かう道筋から、自分の仕事が外れてしまったのである。意味、目的、価値という概念は、ある事柄を終局点から位置づけようとする。

しかし、その終局点とは何であろうか。有限な能力と知識、短い生命しかもたない人間が、事柄が到達する最終的な到達点など知りうるはずがない。私たちの誰もが死ぬ。そして宇宙にも終わりがあるだろう。結局、全てが無によって終わるのならば、私たちが立てる目的や価値や意味は何のためにあるのだろうか。これが、子どもが「世界は、宇宙は、生命は何のためにあるの」という問いを発する理由だ。

そのように、世界や宇宙や生命全体のなかに、私たち人間の活動を位置づけてはいけない。そうすると、すべては虚無の中に沈んでしまうように思えるから。そこまではなくても、自分の人生を個人の最終状態、すなわち、死と結びつけてはならない。すべてが虚しく消滅するように思われるから。だから、私たちは自分個人の生と死を、自分の属する共同体によって意味づけようとする。マヤの球技者のように、自分の終局点を共同体による生け贄へと帰着させ、自分を共同体という全体に溶かし込もうとするのだ。しかし、そうすることで私たちは、世界や宇宙、自然そのものと向かい合うことを避けているのではないだろうか。

現代社会で自死する者の数の多さは、アステカのピラミッドで生き贄にされる者の数よりも多いだろう。そのなかの多く人は、社会のなかの軋轢と葛藤に圧迫されることで死に追いこまれている。メソアメリカの古代文明では、大量の者が自ら命を共同体に捧げ、現代社会では大量の者が社会によって押しつぶされている。筆者には両者とも同じように虚しく思えるのだ。

私たちは、普段、自分の振る舞いや存在を、共同体が与えてくる枠組みで意味づける。たとえば、まず仕事、家族、地域社会への参加がそうである。仕事に従事し、そこで評価されることで、私たちは自分の労働に意味を見つける。もっと細かい枠組みとしては、慣習、作法、祭事、社交、言葉や知識などに見られる文化的な形式がそうであろう。誰かの振る舞いが作法にかなっているかどうかで、その人は評価される。

しかし私たちが、自分の振る舞いや存在の問い直したくなるのは、まさしく、共同体が与えるそうした枠組みが機能しなくなったときである。地域の行事に参加する人たちが極端に減ってしまい、それに貢献するのが虚しくなった。礼儀の仕方が相手に通じない。歴史的知識が共有されていないどころか、そもそもその歴史に関する解釈が異なる。こうしたときにこそ、意味を問い直したくなる気持ちになるのである。

共同体で共有されているはずの意味の枠組みが無効となり、かつ、最終的な到達点が与えられるはずもないとすれば、私たちの生とはどのようなものなのだろうか。到達すべき場所がなく、これまでの生活の枠組みが通用しない生とは、どのようなものであろうか。

移動はするが到達すべき場所がない生、それは「旅」と呼ぶべきものではないだろうか。人生を旅に例えるのは月並みなことである。だが月並みであるほどに、きわめて強い実感でもある。生をひとつの旅と見る考え方は哲学や思想にもしばしば見いだせる。とはいえ、旅が哲学や思想の中心テーマになってきたわけでもない。意外にも哲学では、旅は断片的にしか語られてこなかった。

誰もが旅をする。私たちはいろいろな目的で旅をする。国境を超えてパスポート審査を受けるときに尋ねられるいつもの質問は、この旅行がビジネスか、観光か、それとも家族に合流するためか、というものである。旅はときに明確な目的を持っている。ビジネスのための出張がそうである。家族の合流するための旅行は、家という場所に戻ったり、作り出したりする目的をもっている。これらの目的を持った旅行においては、旅は移動の手段以外のものではない。旅の目的は目的地に到着することである。

しかし私たちは観光のために旅をする。観光と旅とは切っても切り離せない関係にある。観光は通俗的なものと見なされやすいが、よく考えてみれば私たちの強い欲求に支えられた行いである。誰もが旅をしたがる。頻度の差こそあれ、ときに旅をしたくならない人間はほとんどいない。旅は、不思議な、しかし止み難い人間的な欲求に支えられている。だから、どこの国でも観光はいまや重要な産業である。観光は、作物を植えたり、何かを製造したり、何かを販売したり、貨幣や株を流通させたり、研究をしたりといった仕事よりも、価値の劣った産業では断じてない。旅はそれほど人間の深い欲求と本質に根ざしている。

「観光」とは、「光景」を見ることである。光景を観るとは、ある場所の安定した定常的な特徴やそこでの人間の暮らしを、時間をかけて理解することではない。その場所を、旅人に強い印象を与える特異な瞬間において切り出したものが光景である。それは、光がもたらす瞬時の出来事であり、「風景」のような穏やかな時の流れのなかで、その場所の空気に包まれる経験ではない。自らが風となり、その場を行き過ぎていく移動の経験であり、その動きのなかでの光の記憶である。

観光としての旅は一種の遊びである。私たちは、しばしば転倒した価値観をもっていて、遊びの方が仕事よりも価値が低いと見なしがちだ。しかし、遊びはそれ自体に価値がある。他方、仕事は何か価値あるもののための手段にすぎない。金銭を得るために、家族を養うために、共同体に貢献するために、私たちは仕事をする。しかし、遊びは、遊ぶことが楽しいゆえに遊ぶ。

もちろん、遊びとされているものも何かの手段となることもある。イツァ族の球技は、共同体の儀式として位置づけられていただろうし、現代のプロスポーツは選手にとって生活の糧であり、オリンピック・ゲームは政治の手段ともなりうる。しかしもともとは、イツァ族の球技も、サッカーも、オリンピック競技も、楽しむための遊びとして始まったはずだ。観光の旅も、旅することそのものが快楽であり、そのことが目的のはずである。

観光が写真やメディアでよく見かける風景を単に再確認するためのものであったら、あまり興味深いものではないだろう。観光が軽薄なものとなるのは、しばしば観光客が自分の観察眼や自分の好みで風景を見ず、世に評判の高い名所名跡に行き、名物を手に入れたことを自分のいつもの仲間たちに示すためにだけ当地を訪れるからであろう。つまり、いつもの仲間たちの外に、いつもの共同体の外に、出ていないからである。

しかし私たちが旅をして観光をするのは、本来は、見慣れない、意外で、驚きに満ち、予想しなかったものに出会うためである。確かに、私たちは、帰るべき場所があって旅行をする場合がほとんどである。自分が普段住んでいる日常的な世界に無事に帰れるように願って、私たちは旅に伴う危険性をできるだけ少なくしようとする。しかしそれでもなお、度がすぎない範囲で私たちは危険を求めている。旅する動機には、冒険とハプニング、偶然の出会い、困惑を求める気持ちが働いている。このことを否定する旅行者はいないだろう。

自然のなかを旅行したものは、日記という表現形態で自分の経験と思考を綴ることが多い。本論でこれからしばしば言及することになるアメリカの環境哲学の先駆者たち、ラルフ・ワルド・エマーソン（Ralph Waldo Emerson 一八〇三～一八八二）やヘンリー・ディヴィッド・ソロー（Henry David Thoreau 一八一七～一八六二）、ミューア（John Muir 一八三八～一九一四）は、自分の思想を日記の形で綴った。

現代に至るまでナチュラリストは日記のかたちで、自らの体験を書いてきた。旅行を表現するには、日付や場所を付して、そのときに自分が経験したことや自分に去来した考えを、その場所ですばやく記録する以外にない。起承転結は小説の筋立てには欠かせないが、日記ではそんなことを十分に考慮する時間と余裕はない。移動の最中だからである。旅をしながら資料や文献を必要とする論文など書けるはずがない。

旅の最中に、最終到達点から全体を意味づけるようなものを書くことはできない。そうした表現は、すでに旅から帰り、書斎で落ち着いたときにはじめてなしうることだ。旅の最中に旅全体を綴ることはできない。旅の本質は移動しつつある過程にある。終わった地点から旅を振り返って再構成すれば、旅は旅でなくなってしまう。旅には終わりがない。終わりがあるとすれば、それは私の人生が終わるということであろう。

旅における出会いを何と表現すればよいだろう。予測できるものとの接触は出会いとは言えない。計算されたものの到来も出会いとは言えない。自然、偶然、旅、出会い、そしてそれらを記録する日記。これらが、私たちの生を、意味や価値や目的といった拘束から解き放してくれる。私たちは、先ほど、ある場所からよりより良い場所への移動が、意味、目的、価値という概念のモデルになっていることをみた。旅を語るには、よい場所への移動という表現は似つかわしくない。旅は、新しい場所を求めての移動であっても、よりよい場所への移動とは限らないからだ。旅する先が、よりよい場所であるかどうかなど、事前には分からない。もし分かっているとすれば、誰かがそれをはじめに教えてくれたからだ。そうした旅は観光ではなく、ビジネスや家族に会うための旅に近くなってしまうだろう。

筆者は以前に、流行について論じたことがある。(2) 流行は新しいものを評価する態度から生じる。流行では「新しいからよい」「以前と違うからよい」のであって、その内容が何であるかはそれほど重要ではない。流行は、過去から異なった現在を祝うための行為である。流行とは、差異を生み出すための差異として純粋の遊びである。遊びとは、先ほど触れたように、そのこと自体を楽しむものであり、その背後にそれ以上の根拠はない。遊びは必然性のない活動である。流行とは変化であるが、それは進歩や発展のような目的や価値、意味のある方向性をもった変化ではない。それは変化のための変化であり、変化を楽しむための変化である。それは変化を祝うことである。

そして、人びとは流行における新旧の交代を目の当たりにして、そこに生と死の素早い交代を感じる。流行は死と終末を予感させる。そうであるがゆえに、ある人びとは、とくに老人たちは、流行を恐れ、忌避する。不朽のものを好む。それは宇宙からの逃避である。死の覚悟というものは高齢になってはじめて身につけるべきものなのではなく、あたかもひとつの教養のように、子どもの頃からそのための構えを身につけるべきものではないか。流行は、変化のための変化を志向することによって、不変不朽の価値や目的に疑いをかける。旅とは流行に似た何かなのである。

ウィルダネスへの訪問──「山の身になって考える」

旅を経て、帰ってきた故郷は、元の場所だと言うべきだろうか。それとも、旅は続いていて、故郷と呼ばれる場所は次の旅への停留地にすぎないのだろうか。私たちは、自分の住み慣れた場所とは異なる町や村を訪れる。そして、異なった共同体のあり方、異なった風習と文化を知る。そうした経験を通して、自分の住み慣れた共同体を相対化し、それがどのような特徴を持っているかを知る。

だが、私たちは大自然を訪問する。私たちは、田園や里山のような、「自然豊か」と形容されながらも、かなりの度合いで人間の手の入った場所を旅することもある。しかし、それはいまだに人間の居住地を訪れることである。そこには宿があり、人が暮らしている家があるからだ。

それに対して、本格的な大自然のなかを旅すると言った場合には、私たちは野性的な自然を思い浮かべる。人間が居住していない野性的な大自然は、英語で「ウィルダネス（wilderness）」と呼ばれる。「ウィルダネス」は、原生自然、野生、荒野、あるいは、大海原などと翻訳でき、具体的には、荒野、砂漠・沙漠、山岳地帯、森林、海洋のような場所を指している。ウィルダネスは、しばしばあまりに厳しい地理的・気候的条件のもとにあり、人間が定住することが困難な場所である。そして人間がいない分、野生動物が生息する。ウィルダネスは帰る場所ではなく、旅するしかない場所である。

そこには、田園や里山のような人間の存在を表すものたちはない。それゆえに、ときにウィルダネスは嫌われ、避けられる。日本の農村や漁村のかつての生活を記述し、地方の「原風景」を記録し続けた民俗学者の宮本常一は日本の国土について次のように書いている。

日本という国はよく大きな地震があったり、大きな風が吹いたり、雨がふったり、またききんがあったりして、人々はそのたびにいためつけられることが多いのですが、そのようなこんなんにもまけないで、貧乏なくらしになかに、はげしくはたらきつつ、時には失望もし、あらそいもし、また、ひとをおとしいれるようなことをしつつも、この世を少しずつ住みよいものにしてきました。私はそれをとういものに思います。ひとり歩いていて、まったく人手のくわわっていない風景に出あうことがあります。海岸に波のうちあっている所とか、山の中の木のしげっている所とか、または川のほとりなどですが、そういう風景は何となく心をさびしくさせます。しかし、人手のくわわっている風景は、どんなにわずかにくわわっていても、心をあたたかくするものです。(3)

宮本の感性は、多くの日本人にとって馴染みやすく、懐かしいものなのかもしれない。しかし、それは、環境文学あるいは自然保護思想の元祖の一人といってよいヘンリー・ディヴィド・ソローの情感、「私は、あたりの景観が荒涼としてくるにつれて、いよいよ元気が出てきた(4)」と述べた情感とは正反対のものである。

宮本は自然豊かな山口県周防大島《すおうおおしま》の農家に生まれている。宮本はさまざまな自然環境の元で生きる日本の農村、漁村、山村の生活を詳細に調査し、聞き取り、記録した。したがって、宮本とソローの差は、自然との接触の頻度の違いからくるのではないだろう。自然に対する接し方の違いなのだ。宮本の叙述に出てくる自然は、生活の舞台や暮らしの糧ではあっても、美的対象でもなければスピリチュアルな存在でもない。宮本とソローのどちらの感性が優れていると言いたいのではない。宮本にとって周囲の里山は他者ではない。里山は生活の場であり、そこにある自然物は暮らしを立てるための素材である。宮本にとっては自然がトータルに宇宙的な意味を帯びることはない。引用では、自然を人間にとっての場所へと改変することと、共同体を軋轢の少ないものへと発展すること（「あらそい」や「ひとをおとしいれるようなこと」をなくすこと）がひとつのこととして見なされている。人々が住みよいものへと変えてきた「この世」とは、自然と人間の共同体が溶け混じり合った場所である。後に論じるが、こうした場所を和辻哲郎は「風土」と呼んだ。

これに対して、ウィルダネスは人間にとって他者としての自然である。それは定住のための場所ではなく、ときに人間の命を脅かす。ひとり、ないしは少人数でウィルダネスに滞在すると、私たちは共同体での普段の生活を相対化することができる。本章のエピグラフでは、ソローの発言を引用しておいた。彼は続けてこう述べる。

私は「自然」のために、つまり、絶対的な自由と野生のために、お話ししたいと思います。それは単なる市民的な自由、市民的な教養とは対照的なものとしてであり、社会の一員であるよりむしろ、「自然」の住人、その一部として人間を考えるためです。(5)

ウィルダネスの中で、私たちは自分たちを「社会の一員であるよりも自然の住人」として考えるようになり、人間的な秩序からエコロジカルな秩序に足を踏み入れる。ソローによれば、私たちに思考の中でどれほど人間的であっても、人間関係と社会の中に浸りきっている思考は、狭くなり、本当に賢くはならないし、ユニバーサルではなくなるのである。(6)

エコロジカルな秩序とは、どのようなものであろうか。その本質は、アルド・レオポルド（Aldo Leopold 一八八七〜一九四八）の「山の身になって考える（Thinking like a mountain）」というエッセイの中に見事に描かれている。レオポルドは、現代の環境倫理・環境哲学の直接の先駆者として、この分野でもっとも重要な思想家の一人である。

筆者の見解では、現代の環境哲学とは、エマーソンとソローの思想を遠景とした思想運動である。この二人の思想家は、日本の哲学界では議論の俎上にのぼることが本当に乏しい。日本の哲学系の学会で、かれらの思想が研究発表のテーマにあがるのを寡聞にして聞いたことがない。逆に言えば、それほど本邦の哲学的関心は限られており、偏っているのだ。

エマーソンは、一九世紀の中後半に活躍したアメリカ合衆国の思想家であり、作家、詩人、エッセイストである。イギリスのロマン派の詩人、ワーズワースやコールリッジ、カーライルと交流があった。教会制度をめぐって教会と鋭く対立し、無教会派という宗教上の立場を提示した宗教家でもある。日記のかたちで思想を発表し、自然や人生、社会のさまざまなテーマについて論じているが、本論の文脈で言えば、「真理は自然から直感的に与えられる」という考えに現れるように、人間の自然との交流に高い精神的価値を置いたことが注目される。

それまでの近代西洋の主流の思想の中では、世界は精神と物体に二分され、自然は物体として精神性を剥奪されてきた。自然とは、法則に従って動くだけの死物の集合であり、人間が利用し尽くすべき存在であった。しかし、エマーソンはこの心物の二元論を退け、汎神論的で動的な自然観を提示しただけではなく、そうした自然の本源的な働きを感じ取ることのスピリチュアルな価値を称揚したのである。この考えは、さまざまな思想家や作家、たとえば、ソローやウィリアム・ジェームズ、ホイットマン、日本で言えば、宮沢賢治や北村透谷、福沢諭吉などに影響を与えた。

ソローはエマーソンと交流し、自然と人間との精神的な関係をより深く追求した思想家である。旅行記や自然誌、日記の形で自然に身を浸した生活を描き上げ、現在のネイチャーライティングや環境文学につながる作風を確立した。環境思想としては、自然の内在的価値と、人間が自然に接することの精神的な意義を唱え、環境保護活動の先駆者として位置づけられる。また、奴隷制度反対や米墨戦争への抗議としての市民的不服従の宣言、人頭税の支払い拒否など政治的な発言と行動でも明確な主張を持ち、マハトマ・ガンジーやキング牧師はじめ、多くの政治活動家に思想的影響を与えた。日本でも、ソローの『ウォールデン――森の生活』は明治四四年に水島耕一郎(7)によって翻訳されて以来、十数種も翻訳されている。

環境哲学はエマーソンとソローを創始者としている。だが、現代の研究動向にもっとも直接的な影響を与えた先駆者をあげよと言われれば、レオポルドに加えて、あと二人、あげられるだろう。

まず、海洋生物学者であり、『沈黙の春』(一九七四年)によって農薬類による汚染の深刻さを唱え、環境保護運動にもっとも大きな影響を与えたレイチェル・カーソン(Rachel Louise Carson 一九〇七～一九六四)がそうである。そして「ディープ・エコロジー」や「生態系中心主義」といった概念を生み出したアルネ・ネス（Arne Næss 一九一二〜二〇〇九）である。

ネスは、多数の著作を記したノルウェーの中心的な哲学者であるが、それ以前に、第二次世界大戦中のレジスタンスの闘士であり、国連の平和活動の貢献者であり、一九五〇年にノルウェー探検隊長としてヒマラヤ登山に成功した著名な登山家である。

当然のことかもしれないが、これらの思想家たちは、ひとり、ないし少人数で自然に分け入り、そこで一定の期間、自然に深く親しむといった経験を経て、自然保護や環境問題を訴えるようになった。環境保護や環境倫理につながる思想や運動は、どれも自然の中での豊かな審美的な経験に裏打ちされている。自然保護運動に反対する人々の中には、そうした自然に抱かれる経験を経ずに、言葉に対して言葉で返すだけの議論をする人たちもいるが、それが本当に思想としての重みを持ちうるかははなはだ疑問である。

ネスの言う「ディープ・エコロジー」とは、すべての生命存在は人間と同等の価値を持ち、全体としての自然環境はそれ自身の内に、人間による功利的な利用価値からは独立の、固有の価値を有しているという主張である。(8) 簡単に言えば、自然はそれ自身が本質的な価値を持つという立場である。したがって、自然環境保護活動は、人間の利益のためではなく、自然そのものの価値のためになされるべきである。これに対立するシャロー・エコロジーとは、自然環境保護は人間の利益のためになされるべきだ、と主張する立場である。

さて、「山の身になって考える」は、レオポルドの『砂土地方の四季（*A sand county almanac:*

with essays on conservation from Round River）』の一部をなすエッセイで、環境保護や生態系についての認識や意識を表現したものとしてきわめて重要な一節である。

レオポルドは、アメリカのアイオワ州バリントンでドイツ系の家族に生まれる。イェール大学付属シェフィールド科学学校に入学し、一九〇八年に同校で理学士の資格をとり、一九〇九年にアリゾナ地区アパッチ国有林の森林官助手となる。その当時のまだ若かった彼は、政府の方針通りに、狩猟用の鳥獣保護のためにオオカミやクマを駆逐することに躊躇がなかった。

ある日、レオポルドが川岸の高い巌頭で昼食を取っていると、下の浅瀬に六頭のオオカミの親子が現れた。オオカミは駆除しなければならない。レオポルドは夢中になってライフルを撃ち、子オオカミを蹴散らし、母オオカミを撃ち倒した。近寄ってみると、母オオカミの両目から「凶暴な緑色の炎がちょうど消えかけた」ところだった。


そのときにぼくが悟り、以後もずっと忘れられないことがある。それは、あの目のなかには、ぼくにはまったく新しいもの、あのオオカミと山にしか分からないものが宿っているということだ。当時ぼくは若くて、やたらと引き金を引きたくて、うずうずしていた。オオカミの数が減ればそれだけシカの数が増えるはずだから、オオカミが全滅すればそれこそハンターの天国になるぞ、と思っていた。しかし、あの緑色の炎が消えたのを見て以来ぼくは、こんな考え方はオオカミも山も賛成しないことを悟った。(9)

アリゾナのカイバブ大地では、肉食獣を多数、駆除したために、シカがあまりに増えすぎた。シカは、オオカミに間引かれることなく増えて、食用となる植物を食べ尽くし、最後には大量に餓死してしまう。山の緑は丸裸となり、シカの骨だらけになる。これが森林調査官としてのレオポルドが経験したことであり、「山が恐れている」ことである。現在の日本でもまったく同じ現象が起こっているのは、ご存知の通りである。人間は、「山の身になって考えることを学んでいないのだ[10]」。

Arizona and New Mexico 139

after seeing the green fire die, I sensed that neither the wolf nor the mountain agreed with such a view.

* * *

Since then I have lived to see state after state extirpate its wolves. I have watched the face of many a newly wolfless mountain, and seen the south-facing slopes wrinkle with a maze of new deer trails. I have seen every edible bush and seedling browsed, first to anaemic desuetude, and then to death. I have seen every edible tree defoliated to the height of a saddle-

アルド・レオポルド『砂土地方の四季』
（*A Sand County Almanac*, Illustrated by Charles W. Schwartz, NY : Ballantine Books 1966）より

生きとし生けるものはみな、安全、繁栄、安楽、長寿、安心を求めて闘っている。〔……〕みな、自分が生きているあいだの平和を願っているのである。〔……〕だが過度の安全確保は、長い目で見ると、危険しか招かいないように思える。おそらくそれが「野生にこそ世界の救い」というソローの至言の背後になる思想であろう。そしてまた、これこそが、オオカミの遠吠えのなかに隠されている意味であり、山はとっくの昔に知っているのに、人間にはほとんど理解されていないことなのではなかろうか。(11)

私たち人間は、恐ろしく自惚れている。自分たちの共同体や文化を、他の人間たちの共同体や文化の視点から相対化して眺めることはあっても、人間性を「山の身」や「オオカミの目」から相対化して眺めることができないでいる。自然には決して主体性を認めない。そして、自分たちを「万物の霊長」であるとか、「理性的」であるとか、「神に似ている」とか形容してきた。

しかし実際には、人間が望むことなど、シカやオオカミと大差ない。たかだか「安全、繁栄、安楽、長寿、安心」や「自分が生きているあいだの平和」でしかないからだ。そして、他の動物よりも余計に欲望するようになったのは、せいぜい、仲間からの承認だ。すでに自然界に天敵がいなくなった人間が安寧をどこまでも追求すれば、オオカミに間引かれないシカのように、自分たちの住んでいる地球を丸裸にしてしまい、そこに自分たちの白骨を累々と並べることになるだろう。オオカミの遠吠えを聞いたときの、人間の感じる恐怖は、人間がシカと同類の弱い動物でしかないことを知らしめてくれる。その弱さと自然界における自分の身分を忘れたときに、破滅がやってくるのだ。

レオポルドの考えは、人間を自然の支配者としてではなく、生態系という共同体の一員として理解することである。人間の共同体のなかで個人は、自分の場を確保しようとして他者と競争する。だが、同時に倫理観も働いて、他者との協同にも務める。共同体のなかで自分の生存を確保しながら、他の構成員にも敬意を払い、自分の所属している共同体も尊敬する。こうした共同体の概念を、土壌、水、植物、動物、それらの総称としての土地（land）にまで広げたのが、レオポルドのランド・エシックス（土地倫理）である[12]。

生態系と狩猟、市民的不服従

上で引用したレオポルドの経験は、生態系（ecological system）の経験である。「生態系」という概念がはじめて提示されたのは一九三〇年代の生態学（エコロジー）の論文だといわれる。レオポルドが若かった一九二〇年代には普及していない考え方であった。

生態系とは、外部からの太陽エネルギーの供給のみで、生物群集を維持するしくみである。生物同士の関係としては、捕食被食、競争、共生がある。だが生態系とは、まず食物網（食物連鎖）としての関係を指す。植物から植食者へ、さらに肉食者へという生食食物網と、逆に生物の遺体や排出物を起点として微生物などがこれを利用していく腐食食物網がある。

共生とは、二種以上の生物が緊密に関わりあっている状態のことで、三つの形態がある。ひとつは寄生である。寄生は、共生者は寄主に危害を与えるが、殺さない。二番目は片利共生であり、多種の体や巣のなかで生きているが、寄主にとっては害にも利益にもならない。三番目は、本来的な共生であり、相互に利益を与え合う場合である。

以上のような関係によって生じる物質とエネルギーの流動が、生態系と呼ばれる。この生態系を直接に体感する人間は、レオポルドがそうであったように、誰よりも猟師・漁師である。哲学者、神学者であり猟師であるヴィタリは次のように述べる。

私の考えでは、猟師は自分の行為によって直接的に、意識的に、捕食被食の関係、この生命圏のなかのすべての生命にとっての根源的な関係のなかに入るのである。そうした経験は、明らかに物的な経験であるよりもスピリチュアルなものなのは、猟師に、自然の（生命の）共同体の一員、他の動物と同じひとつの動物であること、他の捕食者と同じくひとつの捕食者であることという、もっとも基本的なアイデンティティを思い出させてくれるからである。[13]

獲物の死を前にして、猟師は、被食と捕食の関係がいつでも逆転しうるものであることを自覚する。狩猟者は自分がクマのような大型獣に殺されるかもしれない、そうでなくても、自分がここで死ねば、小型の哺乳類にかじられ、昆虫に食べられ、植物を滋養し、菌やバクテリアに分解され、他の命をつないでいくことをよく知っている。

根深誠によれば、日本のマタギも同じことを意識している。クマを仕留めたマタギは、そのクマを解体するときには、まず衣服の一部を焼き捨てる儀式を行う。この儀式は、そのマタギが焼死したことを意味するという。それから、クマの皮を剥ぎ、肉塊をそぎ落としていく。マタギが擬似的な形で自己の死を表現するのは、捕食と被食が相互的であることを忘れないためだろう。

マタギの狩りにはいくつかの禁忌が存在し、禁忌の対象である特定のクマを殺した場合には、呪文を唱え、死送りの儀式を行わねばならない。マタギとは、死送りの儀式を行える猟師のことであると根深は指摘する。[14] 同じく自然へと捧げる儀式とはいえ、マヤ・アステカの人身御供と何たる違いであろうか。両方とも呪術的思考の産物ということもできるが、何という目的の違いだろうか。

伝承的マタギと、現代のハンターとの決定的違いとして、こうした呪文の根底をなすマタギの精神面は看過できない。それは万物の死生に対する畏怖や畏敬の念に基づく思想である。その思想によって、自然は人間の破壊から辛くもまぬがれてきたといえる。[15]

狩猟とは、いかに他の生物存在と結びつくかを学ぶことである。人間が生きるために止むを得ず殺した動物に対しては、その精霊に敬意を払い、その死体をふさわしい作法で扱い、そのすべてのできる限り利用し尽くす。適切な条件のもとで殺され、ふさわしい倫理的配慮によって扱われた動物は繰り返し蘇ってくる。

猟師は、人びととの関係性を離れ、自然地のなかで異種の動物と命の交換を果たす。ウィルダネスの中で猟師・漁師は、自分が生態系という共同体の一員であり、食物網によって他の生き物と結びついていることを知る。自分の死は、滋養という形で他の生物の生命維持に貢献するのだ。ここで人は、同類の共同体の一員であるはるか以前から、生命の共同体の一員であったことを思い出す。

人は自分の死によって、自分の存在と自分が成してきたことのすべてが虚しく消失することを恐れる。そして、自分の存在と振る舞いを、共同体のなかに塗り込めようとする。自分の「アイデンティティ」なるものを得ること、共同体での評価を得ること、共同体の維持に貢献すること、そのようなものはすべて不死への願望からくるものではないか。そうして、子どもがしばしば発する「なぜ世界・自然・生命はあるのか」という哲学的な問いから遠ざかっていく。

古典的な共同体は、世界の外に超越者を仮定し、世界や自然や生命の意味は超越者によって与えられると説明する。そして、その超越者のなかに、道徳や社会関係、感情などの人間的価値を投げ入れ、再び世界・自然・生命を人間化する。超越者の人間化を通して、世界と自然を人間化する。

狩猟者の世界はこれとはまるで異なる。人間こそが自然の一部なのだ。生態学的意識は、自分の死の意味を人間の共同体に預けない。自分の死の意味を、人間の共同体に決めさせない。自分の死は人間の共同体に奉仕するためのものではない。自分の死は、いや自分の死体とは、食物網へのひとつの肉の贈与であり、太陽光に始まるエネルギー連鎖の一環である。狩猟者が、マヤの球技者のように自己を共同体へと溶かし込む死を望むかどうかを想像してみるとよいだろう。狩猟者には、生態学的に無意味であるような、共同体の生贄になっての恍惚ほど似合わないものはない。

先ほどレオポルドが引いた「野生にこそ世界の救い」というディヴィド・ソローの言葉は、ソローの「市民的不服従」の考えと照らし合わせると奥深い意味を持つだろう。ソローは、よく知られているように、エマーソンの所有地だったウォールデン湖のほとりの森に丸太小屋を作り、そこで一八四五年から二年二カ月、自給自足の孤独な生活を送る。この生活で経験し、感じ、考えたことを記録したものが著名な『ウォールデン』（一八五四年）である。

ソローは、そのすぐ後の時期に、奴隷制度や米墨戦争に反対して、マサチューセッツ州に税金を支払うことを拒否した。彼は一八四八年に、自分の良心に従い国家の特定の法や命令に公然と背く方針について講演をする。これが、翌年には「市民的政府への抵抗」という題で出版され、「市民的不服従」という名前で著作集に再録される[16]。ウォールデン湖はそれほど野生的な場所とは言えないが、ソローは、粗末な小屋で自然の中にひとり暮らした。

自然を愛して、人間の共同体から距離をとって生きることは、共同体の供儀に自分が取り込まれることの拒否でもある。ソローにとって、メキシコ戦争への徴兵は、そうした理不尽な供儀の要求に思えたのである。それは、自分が納得できない共同体の信念や慣習に従わないことである。ソローが求めたのは、自然の必然の秩序を知り、人間の共同体の恣意的な秩序の虚妄を退けることである。ソローは狩猟者の心をもっていた。

いつでも無となること

社会契約説における自然状態、すなわち、社会と約束を交わす前の、社会的束縛から自由な人間を虚妄やフィクションとみなす立場の論者がいる。曰く、「人間は最初から集団的な生物である」「人はひとりでは生きてゆけない」。これは本当だろうか。ひとりでも、ある年齢以降なら相当の間、つまり歩ける状態になっていれば、少なくても数十年は生きてゆけるし、共同体のような大集団を作らずとも、少人数でも長く生きてゆけることはなおさらである。

というよりも、どのような人であれ、障害や疾病があろうと、それほど他者に依存しない生活環境を提供するのが人間社会のあるべき姿であり、それこそが「福祉」と呼ばれるものではないだろうか。付き合いたくない人とは付き合わない。これが人間の尊厳の中核的価値にあるのではないだろうか。付き合いたくない人とは付き合いたくないので、付き合いたくない人の権利も守るのである。

「人はひとりでは生きてゆけない」などという言葉は、恐ろしく粘着性と湿度に富んだお説教である。むしろ、筆者ならば、あらゆる人の独立と自由を確保し、だれにもそういうセリフを口に出させたくない。共同体の重要性をあまりに強調しすぎた言葉は、共同体における、恣意的であって、合理性がなく、しばしば一部の人間にだけ有利な慣習や信念を他人に押し付け、その秩序を保守せんがために発せられた言葉にしか思われない。アルコホリズムは「アルコール中毒」と訳されるが、ヒューマニズム（人間中心主義）とは「人間中毒」という病いの一種なのでないだろうかと問いたくなる。人間を野生動物ではなく、たくさんの数で群れなければ生きられない家畜であるかのように扱う思想は、かならずや抑圧を生む。

カナダのある木こりの話をご存知だろうか。彼は森の中で木を切り、それを川に流して下流にいる仲間に渡す。半年に一度、街に降りてきて給与を受け取り、必要な物資をトラック一杯に買い込む。仲間と一晩飲み明かしたあとで、「それじゃ、また半年後に」といって森に戻っていくというのだ。人間はこの程度の人間関係と社会関係で、十分に幸せに生きていけるのかもしれないではないか。

登山家であり、哲学者であり、詩人である串田孫一は、小鳥との面白い出会いを書いている。彼が人里を離れた草原や林を歩いているときには、ほとんどの場合に、小鳥たちは闖入者に対する威嚇を露骨に表す。だが、あるときに飛来した一羽の鳥は、彼をまったく無視して、構えるところがなかった。串田は、「互いに無視しあった時、二つの生命は自然と共に在ることが出来る。互いに干渉することのない、平穏な自然の中での時に包まれていられる。その時が如何に短くとも輝かしい」[17]と書く。生活圏が互いを脅かさないことを理解したときに、そのような無干渉な美しき共存が起こるのであろう。人間たちがしばしば口にする他人の必要性とは、小鳥と串田のように賢く互いを無視して静かに共にあることができないからこそ出てくる言葉ではないかと思えてくる。

あるいは、ノーマン・ウィンターという実在の狩人の生活を描いた『ラスト・トラッパー』[18]という映画があった。彼は、ロッキー山脈に住み、トラップ（罠）でキツネを狩り、生計を立てている。主人公は、信じられないほど美しい自然の中、とくに一面に雪になる真冬の美しさの中、妻と数匹のイヌと一緒に暮らしている。隣人は二〇キロほどと、ほんの目と鼻の先で同じく猟をして生活している。この映画はドキュメンタリーで、そのような理想の生活は実在しているのだ。

もちろん筆者も、全人類がそのような天国に住めるわけではないことは承知している。ひとりひとりが広々と住むことができるほど地球の面積は広くはない。しかもウィンターたちの生活を支える必需品、たとえば、ライフルと薬莢、小麦、窓ガラス、調味料、そして本などはそれなりの文明の力で製品化されたものだ。

しかし文明が必要だからといって、アステカのような（アステカだけではないのはもちろんだが）馬鹿げた王を戴く馬鹿げた帝国を作り、人身御供を繰り返す必要などない。命のあるものが、命のない道具や手段にすぎない共同体へ同化を望むなど、本末転倒も極まれり、である。現代の知的な市民は、自分たちの生活がアステカの王よりは、カナダの猟師に近いものであるように望むべきではないだろうか。そうしたミニマムな人間関係を思い描いた上で、共同体という共有の道具には、最低、何が必要であるかを考えた方がよくないだろうか。

人間と人間とを結び合わせるものは何だろうか。愛や友情というのが、ひとつの答えだろう。しかし私たち同士の結びつきはそれだけではない。マヤやアステカのような権威主義的な社会において人々を結びつけているのは、信仰であったり、超越者であったり、神話であったり、文化的権威であったりする。現代でいまだ多数存在する独裁社会においては、人々は高圧的な権力とそこから

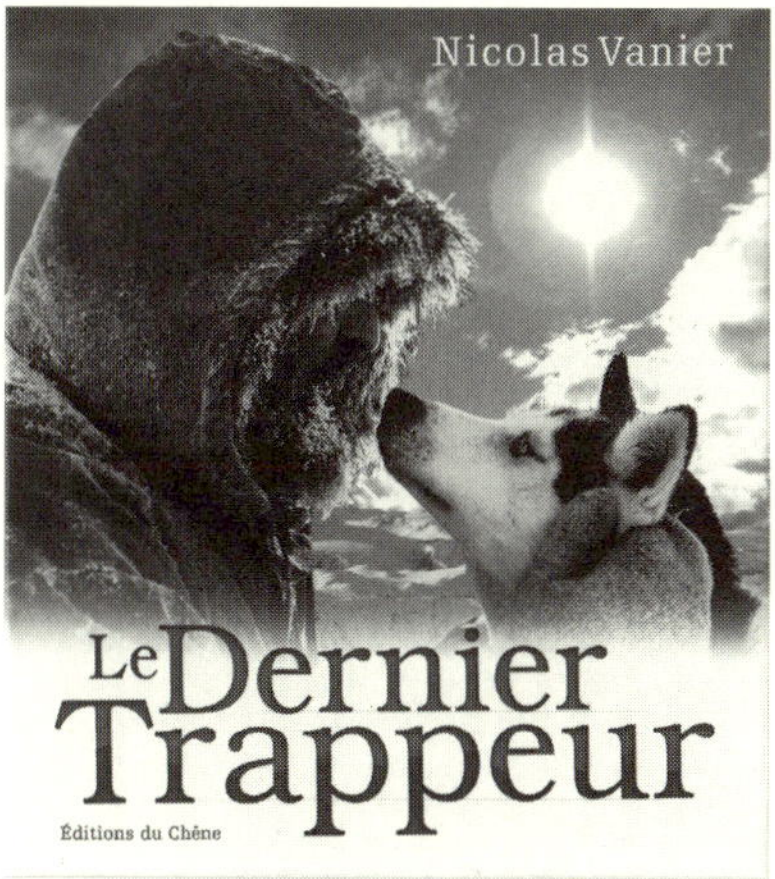

『狩人と犬、最後の旅』(Le dernier trappeur) の表紙

生じる恐怖によって共同体の枠の外に出ないように箍を填められている。

地縁血縁や伝統、権威、慣習などによって結びついている共同体は、ゲマインシャフトと呼ばれる。ここでは人々は過去を共有している。そのなかで個人は、すでに与えられた固定的な地位と役割を生きる。他方、共同の目的や共通の利益などによって結びついている共同体は、ゲゼルシャフトと呼ばれる。ゲゼルシャフトは、近代以降の契約社会のあり方である。企業や仕事をする組織では、人々は目的や利益を共有している。ここでは人々は未来を共有して生きている。そこで個人は、複数の役割や機能をもち、それを変化させながら生きていく。

これに対して、私たちの社会で人と人とを結びつけているのは、真理である。民主主義とは、恣意的な信念や慣習、信仰や文化的権威にではなく、真理に基づいた共同体を作るための理念である。現代において私たちは企業や役所のようなゲゼルシャフトで働いて、生活の糧を得ている。しかし民主主義社会は、ゲマインシャフトでも、ゲゼルシャフトでもない。そこで人々を結びつけているのは、真理だからである。

私たちはそれぞれが真理を探究することによって隣人と結ばれる。それが民主主義社会である。私たちの社会において、利益よりも先に真理を重んじるべきなのは（もちろん、利益を重んじてはいけないということではない）、社会を民主的にするためである。利益を共にする企業や、目的を共にする法人より先に、民主主義社会が存在していなければならない。民主主義社会は、より包括的になっていくプロセスをもった共同体である。なぜなら、真理はできる限りさまざまな人から合

	総合原理	組織の時間性	メンバーの役割
ゲマインシャフト	権威と慣習	過去の同一性	不変の地位
ゲゼルシャフト	共通利益	未来の共通性	可変的機能
民主主義社会	真理	現在の包括	参加と自己表現

意されることで、はじめてその確かさが保証されるからである。新しい社会の参入者には、これまでの社会のあり方が真理に適っているかを、その人たちの観点から検討してもらう必要があるのだ。民主主義社会では、あらゆる人に参加を求め、そこで発言し、自己表現してもらうことが求められる。

あらゆる人が参加する共同体では——民主主義社会とはそういう共同体である——あらゆる信念と慣習、伝統が相対化される。そうした共同体において人々の間で得られるミニマムな合意とは、人間が自然の中で暮らすのに必要なものを共同体が提供するということではないだろうか。そしてここには、生命としてかならずおとずれる死から目をそむけ、真理から逃走しようとする装置は必要ない。

猟師・漁師のように、自然の中で我が身をひとつの生命として、ひとつの個体として意識した者は、自分の命を共同体の幻想の中で死後も存続させようとは思わないのではないか。自然の中で動物たちの死を何度も目にしてきた者は、死が呼吸と同じくらい生命の一部であることを理解し、いつかそれが必然的に自分のもとを訪れることを静かに待つはずだ。

私たちが動物ほどに賢くなれたならば、同類をやたらに集めて巨大な共同体を作り、自分をその部品のように埋没させたあげくに、自分が死んでもいつますでもみんなに憶えていてもらいたいなどという、意味不明でもあり、邪でもある欲望に溺れずにすむのではないか。私たちの文化文明なるものの多くの部分は、死を前にした怖気づきから生じているだけのものではないのか。くだらない、気品を欠いた欲望を抑えるには、だれもがただ端的に死んで、いつでも無となる覚悟をしておくことである。あたかも野生動物のように。それが真理の共同体でとるべき態度なのだ。

第三章　パタゴニア、極大と極小の自然

パタゴニアでは、極小か極大か、どちらか選ばねばならない。
——ブルース・チャトウィン、ポール・セルー『パタゴニア
ふたたび』池田栄一訳、白水社、二〇一五年、一七～一八頁。

ホーン岬での環境保護教育プログラム

パタゴニア（Patagonia）は、チリとアルゼンチンの両国にまたがる南米大陸の南緯四〇度以南の地域である。

マゼランがパタゴニアを「発見」したのは、一五二〇年である。ブルース・チャトウィンが一九七七年に出版した『パタゴニア』[1]という著作は旅行記の傑作として知られている。

それによれば、「パタゴン」という言葉は、『ギリシャのプリマリオン』なる荒唐無稽の騎士道物語に出ている巨大な怪物の名前に由来するという。マゼランはこの本を船中で読み、二人の「巨人」の現地人を連れ帰ろうとしたのである。ひとりは逃げ出し、ひとりは航海中に死んだという。

マゼランの到着以来、西欧にとってパタゴニアは「地の果て」の代名詞となった。浜をのし歩く巨人、平原を走るダチョウ、ペンギンのコロニー、荒涼たる平らな地に到着した流浪者たちなど、さまざまな伝説と真偽入り混じった怪しい情報が栽培でもされているような場所であった。たしかに現在でもパタゴニアは、アメリカ大陸でももっとも住民の少ない土地であって、とくに日本から見れば、到着するのにおそろしく時間のかかる地球の反対側の辺境の地である。

二〇一四年一二月末から二〇一五年一月にかけての約三週間、筆者はパタゴニアの最南端地域、亜南極圏にあるホーン岬に滞在した。アメリカ・テキサス州にあるノース・テキサス大学(University of North Texas：UNT）環境学部の哲学・宗教学科が、ホーン岬で実施している環境保護教育プログラムに参加するためである。

筆者が、二〇一四年に在外研究で、客員研究員として訪問したノース・テキサス大学の環境哲学センター（Center for Environmental Philosophy）は、環境哲学・環境倫理学の分野における世界的な中心のひとつである。

環境倫理学とは、環境問題について哲学的・倫理学的・原則的なレベルで研究し、その解決を目指す応用倫理学の一分野である。

環境倫理学は、環境問題、たとえば、大気汚染、土壌汚染、海洋・海岸・河川・地下水汚染、山岳破壊、森林破壊、地球温暖化、汚染物質・危険物質の投棄、放射能汚染、大規模農業による地域破壊、農薬、オゾン層減少、自然資源の枯渇、水の枯渇、動植物種の減少・絶滅など深刻化し始めた七〇年代から世界中で研究されるようになった。

他方で、環境哲学とは、環境問題を関心の中心に置きながら、自然環境と人間との関係について さらに包括的に哲学的視点から考察しようとする分野である。そこには、実証的な環境調査に基づきながら生態系と人間との根本的な関係ついて考察する自然哲学や、環境美学や環境文学研究などの人文学的なテーマも含まれる。

環境哲学が扱うテーマには、人間と自然の二分法や、人間と動物の二分法の再検討、人間に自然とのスピリチュアルな関係、自然とウィルダネスの本源的価値、生態学的存在論、動物と人間との関係、自然の美学的価値、自然環境に対する正義と公平性などがあげられる。

UNTの環境哲学センターは、『環境倫理学』という国際的に有名な学術誌を発刊し、ユージーン・ハーグローブ（Eugene C. Hargrove）、バード・キャリコット（J. Baird Callicott）、ホームズ・ロールストン（Holmes Rolston, III）、リカルド・ロッジ（Ricardo Rozzi）というこの分野を牽引する著名な研究者を擁している。一〇名以上いる哲学・宗教学科の教員のほとんどが環境哲学・倫理学関連の研究をしている。残念ながら、ハーグローブ教授とキャリコット教授は二〇一五年度を最後に引退された。キャリコット教授の最後の講義に出席できて筆者は幸運であった。

ノース・テキサス大学の哲学・宗教学科の最大の特徴は、環境学部の中に設置されている点にある。日本を含めて多くの国では、哲学科や倫理学科、宗教学科は、文学部や人間科学部など文学系学部のなかにある。しかし、ノース・テキサス大学では自然科学系の環境学部の中に置かれている。

教員たちも人文科学系の専門家ばかりではなく、生態学や生物学、植物学、鳥類学など自然科学系の出身者も多く、自然科学を基盤にしながら環境倫理や環境哲学を研究している。

そのために、学生も、環境学部内で開講されている生態学や生物学、水質調査学などの調査法といった環境関連科目を学びつつ、哲学や倫理学を研究している。逆に、環境科学を専門としている自然科学系の学生や院生も、哲学や倫理学、宗教学といった思想関連科目をしっかりと学べる。もちろん、哲学・宗教研究学科のスタッフの多くが、環境調査を行っている。私が滞在していたときには、水生昆虫学の専門家が哲学・宗教学科の学科長であった。

環境学部は、チリの南端の亜南極圏に位置するホーン岬に、「生物多様性生態学研究ステーション」を、チリのマガジャネス（マゼラン）大学と共同で所有し、オモラ民族植物公園（Omora ethnobotanical park）の生態系を調査し、保全している。この大学ステーションで生態系の調査実習を行う大学院生用の教育プログラムも存在する。今回、筆者が参加したのもこのプログラムである。環境哲学や倫理学という理論的な研究をしている学生・院生も、こうした調査実習に参加することを通して、自然科学的な環境へのアプローチを十分に知ることができる。

日本の――あるいは世界でも同じことが言えるかもしれないが――環境倫理学の分野では、こうした実践的なタイプの教育が行われている例は少ない。また日本では、環境倫理学の専門家はそれなりの数がいるが、環境哲学を研究する専門家はとても少ない。しかし環境倫理を研究し教育するには、実際に自然環境を経験し、それを調査することが不可欠ではないだろうか。

オモラ民族植物公園

マガジャネス大学と
ノーステキサス大学
共有の環境保護研究
ステーション

道徳や倫理は、もともと身体を介した感性的・感情的な経験に根づいているはずのものである。人倫は、さまざまな立場の人々に共感し、道徳的問題を人間に降りかかった具体的な事態として考えることに足場がある。同様に、環境倫理というものも、動物や植物に共感し、自然の風景を美的に経験し、それに対する侵害や破壊を悲しむことが基盤となっているはずである。

山の樹木が無残に切り開かれ、鳥や甲虫の姿が見えなくなり、土壌が流れ出て、さらに山が禿げていく姿を見たときに、海岸にプラスティックゴミや危険な産業廃棄物がどことなく大量に漂着し、魚や鳥が浮き上がり、ひどい悪臭のする泡が立ったときに、極地の氷が溶け出し、ホッキョクグマが居所をなくして、戸惑い、彷徨う姿をみたときに、私たちは環境問題を実感するのである。

残念ながら、環境倫理を含めた応用倫理学は、一般に座学に終始している場合が多く、それらの論考は抽象的に留まり、経験に基づいた力強さに欠けている。経験による裏打ちがない思想や哲学や政治運動は、投錨地点がないために本来の趣旨を見失いやすい。同様に、経験に裏打ちされない環境保護への批判も的外れなものになるだろう。

ダーウィンの足跡をたどって

ノース・テキサス大学の環境保護教育プログラムは、「亜南極圏生物文化保護プログラム――

ダーウィンの足跡をたどって（Sub-Antarctic Biocultural Conservation Program：Tracing Darwin's path)」という名称である。南極に最も近いホーン岬地域にある生物圏保護地区の研究調査と、その調査を院生学生に教育することが目的だ。この教育は、先に述べる「生命文化的多様性（biocultural diversity)」の倫理的重要性を理解し、その価値を推進する「フィールド環境哲学(FEP)」の実践である。

ホーン岬（Cape Horn）は、英語で「角」という意味の言葉が当てられているが、これは誤解というか誤訳である。一六一五年にオランダ人のウィレム・スホーテンが西洋人で初めてこの岬を周り、彼の故郷のホールンにちなんで、ホールン岬（Kaap Hoorn）と名づけたそうである。

この地域の生態学的な特徴は、その強風と関係している。ホーン岬は南緯五五度ほどに位置する。北緯五五度には、ヨーロッパで言えば、コペンハーゲン、オスロ、ヘルシンキ、エディンバラなどの大きな都市が存在し、北米で言えば、カナダのエドモントンなどが位置し、観光地で有名なイエローナイフなどはもっとずっと北である。北半球にとって五五度は大陸の内部であり、北極圏の手前まで大陸がまだずいぶん続いている。それに対して、アフリカ大陸の南端であるケープ・タウンは南緯三三度にすぎない。ニュージーランドの最南端も五〇度に満たない。つまり、南米最南端のホーン岬では、西も東も、地球一周、海しかない。

このことは、パタゴニアには、地球をめぐってくる風を遮る陸地や高い山脈がなく、また波もまったく遮られることなく遠方から到達することを意味する。したがって、この地域では、ときに秒速六〇メートルを超える突風が吹く。人間は、四〇メールで飛ばされてしまう。海流も激しい。船舶にとって地球最大の難所のひとつであることは、よく知られていよう。この風と潮流によって独特の生態系が作られるのである。

さて、この「ダーウィンの足跡をたどって（TDP）」プログラムには、UNTだけではなく、アメリカとチリのいくつかの大学が合同で学生を集い、UNTの四名の教員、六〜七名の招待教員、現地の大学ステーションの研究員数名が随伴する。教員の専門は、水系生態学、動物学、鳥類学、植物学、蘚苔学などの自然科学に加え、文化人類学、美学、政治学、哲学とさまざまである。

このような多国籍チームが作れるのは、UNTの常勤教員に、チリの大学と兼任の教員がいるからである。ひとりが二つの大学の常勤教育になれるのは、ヨーロッパやアメリカ大陸では普通のことである。しかし、国籍であれ、大学の帰属であれ、人間の所属を排他的にひとつにしないと気が済まない現在の日本では、こうしたプロジェクトは難しい。日本は、どの分野でも大きく世界のグローバル化の流れから立ち遅れている。それどころか、グローバル化から逃れられ、避けられているものだと思って身を潜めている。

私たちのUNTグループは、二〇一五年一二月二九日夕方にテキサスのダラス空港を出発、チリの首都、サンチアゴを経由して、移動にまるまる一日使い、三〇日の深夜にプンタ・アレーナスへ到着する。プンタ・アレーナスは、マゼラン海峡中央部に面し、ブルンスウィック半島の付け根にある賑やかな港町だ。街の中心にマゼランの銅像が建っている。海峡を挟んで、フエゴ島に面している。

三一日は、プンタ・アレーナスにあるマゼラン国立保護地区（Reserva nacional Magallanes）を訪問する。苔や低木が一面に広がる広大な土地だ。海沿いには、ペンギンのコロニーがあるが、生息数はそれほど多くなく、ひとつで一〇〇から二〇〇匹というところだろうか。人間がもちこんだイ

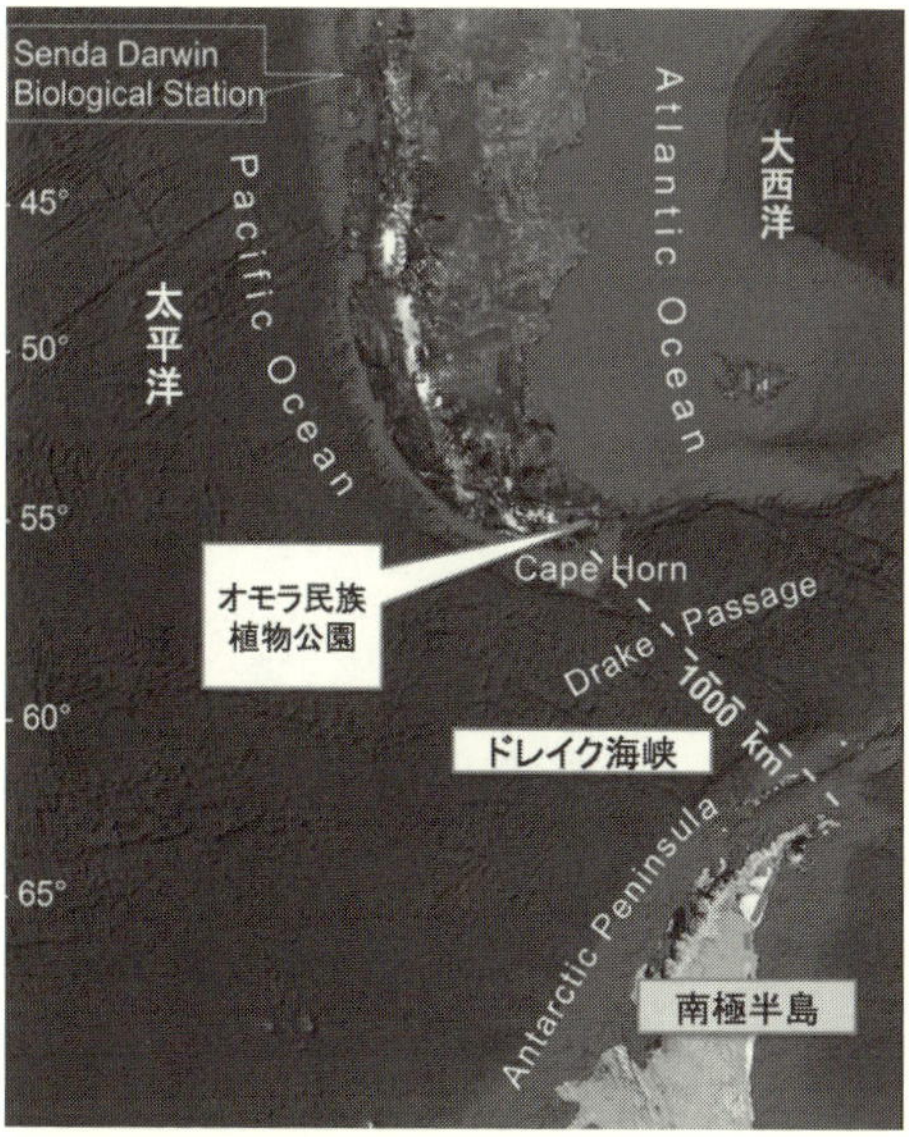

ホーン岬生物圏保護地区とオモラ民族植物公園

ヌやネコなどが襲いかかり、ペンギンがあまり寄りつかないのだそうだ。

フェリーでマゼラン海峡からビーグル水道へと移動し、ナバリノ島の北側にあるプエルト・ウィリアムズへ到着する。約三〇時間かかる。フェリーの中は快適だが、丸一日いるとさすがに退屈する。しかしいくつもの水道を縫って進む海とフィヨルドの島々の風景は絶景であり、見飽きることはない。夏とはいえ、東京の冬よりはもっと寒い気温の中、冷たい風で身体が冷え込むまでフェリーの上甲板で風景を眺め続ける。水道なので海面には高波はなく、水面は滑らかな油のように見える。島がときに渡ってゆく。クジラをみることもしばしばだそうだ。周囲にはかずかずのフィヨルド地形の島々があり、高い山頂部は雪がかぶり、低い場所は緑が深い。島には、スペインやイギリスの征服者の名前がついている。灰色の絶壁にブナやモクレンの種類の樹木が密生している。船がさらに南下すると、ロマンチェ氷河、ドイツ氷河、イタリア氷河などの大きな氷河がいくつも海へとなだれ込んでいく海峡を抜けていく。青みがかった氷が、静止画像の滝のように陸地から河に向けて垂れ下がっている。残念ながら大きく崩れて氷が落下するシーンは見られなかったが、ともかく大変に美しい。筆者が見た風景の中で最も美しいもののひとつである。プンタ・アレーナスとプエルト・ウィリアムの間は飛行機でも往復できる。ほんの一時間程度のフライトで到着できて便利だが、船に乗らないと雄大な氷河の動きを目前に見ることはできない。

プエルト・ウィリアムズは、ホーン岬生物圏保護地区の最南端にある。人口は二千人強で、その半数近くは軍関係者である。軍港の町であり、南極探検のための基地でもある。南極圏の漁業権と

マゼラン国立保護地区

旅行案内を巡って、チリとアルゼンチンはライバル関係にあるそうだ。軍港と言っても、停泊しているのは、日本で言えば海上保安庁の巡視船くらいの大きさの船二艘だけである。前甲板にそれほど大きくない機関砲がついているだけで、戦争用の船ではない。警察行為が中心の役割なのだろう。

町の中心街は、五件ほどのレストランとコンビニレベルのスーパー、買い回り品の商店がある程度の大きさである。緯度が高いので、夏である一二月は一一時頃まで明るく、スーパーも真夜中までやっている。夏といっても、気温は昼間で摂氏二〇度弱と清々しく、夜はやや冷え込むという感じだ。関東地方の初冬に近い。だが、山間部では夜は〇度くらいまで落ちる。小さい町だが、一応、何でも揃うので、不便で仕方ないということはない。しかし、古くなって部品が壊れた自動車があちこちに打ち捨てられているのを見ると、自動車修理工はあまりいないようだ。

UNTとマガジャネス大学共用の大学研究ステーションからすぐ近くのホステルにみんなで泊まる。ステーションは、いくつかの宿泊部屋と研究室、二〇名ほど入る講義室のある三階立ての建物で、研究者や院生が長期に滞在して研究できる。ホステルは日本でいうと合宿所のような民宿で、狭いがとくに文句はない。食事も美味しく、文句はない。だが、インターネットが宿泊所でもステーションでも繋がらないことが最大の問題であった。いくつかのレストランではネットにつながられることに気がつかず、この滞在が終わった三週間あとに、恐ろしい数のメールを読まねばならなかったのである。

それから数日間は、ホステルを離れ、ラバロ（Rabalo）湖の近くの川沿いにキャンプする。筆者

ホーン岬地区の氷河（ロマンチェ氷河）

は、薄手の撥水パンツとジーンズしかもってこなかったことをすぐに後悔することになる。急勾配の登山ではなく、なだらかな森のなかのトレッキングであって、体力的にも寒さ対策も問題なかった。しかし、林を埋めている深い泥炭は、つねに間歇的に降る雨や雹によって泥濘をきわめていて、場所によっては膝までつかる。多くの箇所がとげのある低木の薮になっている。とげに引っかかり、最初の数時間で薄い撥水パンツは破けた。厚手の撥水パンツと足首から膝までを隠す長めのスパッツか、むしろ長靴を持ってくるべきだった。

樹の間を飛び越えながら進むことが多く、距離にすると入り口からこのキャンプ場まで七〜八キロあったように感じた。キャンプではテント生活で、大学ステーションのスタッフが毎日食事の用意をしてくれる。スタッフは、私たちの三倍もの荷物をかついで、あの山の中を走る（歩くのではない）ことができる。その体力には驚かされる。夏とはいえ、山の中は夜は〇度ほどまで下がり、たき火が非常にありがたい。テントでは寝袋が十分に機能して、やや暑いくらいだった。UNTの水質調査によれば、この地域の水はまったく人間によって汚染されていない世界有数のきれいな水で、川も湖の水もそのまま飲める。とてもうまい。そしてトイレは、川や湖の水辺から十分に距離をおいて用を足し、排泄物は土中に埋めなければならない。

翌日から、ラバロ湖の植生、昆虫類、鳥類と小さな哺乳類の生息の調査となる。この湖にたどり着くまで、またかなりの急な山の斜面をそれなりの距離、歩く。ぬかるみじみた泥炭の道を上り、きつい斜面を降りる。みな何度も転び、尻餅をつく。泥炭に膝下までつかる。

この地域は鳥が豊かで、フィンチ、キツツキ、ワヒワ、スズメ、トキ、ガン、コマドリなどに属する固有種が存在する。また、北半球から休憩地なしに渡り鳥が飛んでくる。鳥チームでは、低い場所に霞網を張り、小さな鳥を捕らえて調査をする（もちろん、霞網は研究調査のためだけに許されている）。パタゴニア・シエラ・フィンチ（Patagonia Sierra Finch）、フィヨフィヨ（fio fio）、ブラック・チンド・シスキン（Black-chinned siskin）、ノーザン・ハウス・レン（Northen House Wren）、ツグミの一種のオーストラル・スラッシュ（Austral Thrush）、ラィヤディト（Rayadito）がしばしば穫る。網でとれたもののなかには、足にバンドがすでについていて、複数回捕まっている鳥もいるが、はじめての鳥も多い。指二本で頭の骨の下を押さえながら、体長、体重、くちばしや頭の大きさをはかり、寄生虫がついているか、病気にかかっていないかを調べるのに胸と足を綿棒でこすって、試験管に保存する。震える小さな体を潰さないようにと、おっかなびっくりの学生が鳥を途中で逃がしてしまうこともある。最後にバンドをつけて放鳥する。初日は数時間で一五匹ほど調べた。

水苔が密集する場所の植生について植物学者から説明を受け、そのあとに大学ステーションで研究している若手研究者から、ラバロ湖近辺のほ乳類の生態の説明を受ける。大型のほ乳類はおらず、小型のほ乳類もこの地域に入った人たちがかつてイヌを放してしまったために激減したそうだ。ネズミを捕る罠を二〇メートルごとに五カ所ほど仕掛ける。翌日早朝に調べる。湖には昆虫はいるが、魚はいない。魚は河を遡上してこられないそうだ。

河はビーバーにせき止められており、下の河にはビーバーのダムがある。ビーバーに齧られた場所というのは、森の中でぽっかり空間ができていて、そこに白骨のような木がたくさん倒れている。ビーバーが咬んだ樹の跡は円錐形になる。住処であるダムは見えているが、肝心のビーバーは見えない。それにしてもあれだけの太い枝や幹をどうやって陸から湖まで運んだのだろうか。地元の人に聞いても、運んでいるところを見た人はいなかった。この辺のビーバーはいろいろなところでダムを作り、物凄い量の木を切り出している。小さい動物のはずなのに、何か精力的な感じさえする。ビーバーは、もちろん、この地域の固有種ではない。日本人の眼にはかわいい哺乳類かもしれないが、ここパタゴニアでは森林の破壊者でありうる。人間が連れてきたイヌやネコ、ビーバー、イタチ、ミンクはこの場所に固有の鳥や小型の哺乳類をすべて補食してしまう。人間の家畜やペット、その地域に突然に導入された動物は、ときに人間以上に環境の破壊者になってしまう。この辺に以前はいたアヒルがいなくなったのは、ミンクが夜にアヒルやその卵を襲うからである。

水生昆虫の生態についての調査では、水網を使って、湖に流れ込む河の水をさらって、さまざまな水生昆虫を捕らえる。量も種類も豊かである。そのときに、トビゲラの新種がみつかったそうだ。残念ながら、筆者は虫の専門名を英語で聞いてもまったく理解できず、聞き取ることもままならず、その貴重さが分からなかった。

キャンプから大学ステーションに戻り、今度は数日間、ステーションから四〜五キロの場所にあるオモラ民族植物公園（Omora ethnobotanical park）でフィールド・ワークを行う。この公園はマガ

ラバロ湖での鳥類調査

ラバロ湖

ジャネス大学とUNTの共同管理になっている。園内はそれほど泥炭のぬかるみは深くなくて、防水性のブーツは必要ない。

ラバロ湖での調査と同じ方法で、公園の中の鳥類、昆虫、植物のそれぞれ生態の特徴を観察していく。鳥はやはり霞網で捕獲し、継続的な生態の調査をする。先に述べたパタゴニア・シエラ・フィンチ、フィヨフィヨ、シスキン、ハウス・レン、オーストラル・スラッシュ、ライヤディトがしばしば穫れ、まれにはインコが捕まる。朝に網をかけると、午前中に多いときには一五匹以上捕獲できた(2)。他方で、マゼラン・タパセラ (Magellanic Tapacella) のようなめっきり姿を見せなくなった鳥もいるという。頭の赤と黒の色彩が鮮やかな、大きなキツツキが鋭い音で木をつついている。カモメやトキのような大型の水鳥が遥か上空を飛んでいる。

ここではハンド・レンズ (ルーペ) が必携である。昆虫や苔、小鳥の細部を見るには、肉眼では難しい。鳥に付けられたタグなど、筆者の老眼ではままならない。観察される苔やキノコ、地衣類は、筆者はまったく専門外なのでその場で見ただけでは名前さえよく分からないのだが、リカルド・ロッジ (Ricardo Rozzi) 教授たちの共著に載っている写真と見比べて確認することができる(3)。日本では見たことのないものばかりである。

ソローはこう書いている。「最も小さな葉にも分けへだてなく注意を注ぎ、昆虫が自らの大草原を見わたすごとく眺めるよう、自然は私たちを誘う。自然には何ら裂け目はない。あるゆる部分が生命であふれている(4)」。こうした言葉は、自然の中でこそ実感できる。だから、自然の中に入るに

オモラ公園内の苔。ロックグループ，イエスのアルバム『危機』のジャケットを思わせる。

はハンド・レンズを携えるべきなのだ。
午後は、これまでの観察と調査を踏まえて、読書課題として出されている論文に関してディスカッションする。課題論文は、二〇本ほどで生態学から哲学まで幅広い読書が要求されている。UNTの哲学の院生が議論を主導する。なかなかいい議論になった。ここに参加している生物学や生態学の教員は皆、哲学が環境科学において統合的な役割を演じることに期待している。さまざまな経験科学は、環境の保護という目的と価値のもとで関連させられるべきであり、その要の部分を担うのが環境哲学なのである。

このプロジェクトの中心人物である、リカルド・ロッジUNT教授は、鳥類学者であると同時に哲学者であり、詩人でもある。本節のエピグラフで、ポール・セルーの言葉、「パタゴニアでは、極小か極大か、どちらか選ばねばならない」を引いておいたが、ロッジ教授はホーン岬での調査では参加者にハンド・レンズを携行させ、先に述べたように、この広大な自然保護地域をミニマムに観察する方法を手ほどきした。彼はこれを「ハンド・レンズをもったエコツーリスム」と呼んでいる(5)。

生態学における、あるいは、自然観察におけるもっとも基本的な気づきとは、この自然の無駄のなさなのかもしれない。「無駄がない」とは、どのような小さな場所に自然の営み、とくに生命の営みが隙間なく詰まっていることの表現である。エコロジーは、「自然の家政学」という意味に訳せるが、この無駄のなさこそ「家政」と呼ばれるゆえんである。ソローとともに、アメリカの自然保護思想の元祖として称えられるラルフ・ワルド・エマーソンは次のように述べている。

自然の家政をみますと、自然が、もっとも器用な節約家であることがわかります。自然が、たった一エーカーの土地に、混乱も雑踏もおこさずに、どれだけ多くの生き物をつめこんでいるかを見るために、とくに野原にでかけてゆくねうちがあります。(6)

大型哺乳類がもともといなかったパタゴニアでは、自然の節約はむしろ細かい点によく現れているのだろう。風と潮流の荒々しさがパタゴニアの自然を極大と極小へと色分けたのかもしれない。実際、事後一三日には、チェロ・ラ・バンデーラ（Cerro la Bandera）という大学ステーションからそれほど遠くない標高五〇〇〜六〇〇メートルの丘（山？）に二時間かけて登った。高尾山くらいの高さであるが、頂上まで登るのはかなり骨である。頂上にはチリの国旗がはためいていた。ところが、登頂してからほんの一〇分もたたないうちに、文字通り俄にかき曇り、部分的には青空がのぞいている空から、夏だというのに猛烈な勢いで雪と雹が降ってきた。凄まじい強風でまともに立っていられず、日よけの帽子を飛ばれた人が何人もいた。かなり大きいチリの国旗でも真横に流れた。寒さも激しいものだった。途中までは、かなりのスピードで登ったせいもあり、暑さで半袖姿だったのに、である。冬であれば、あの低い山でもしっかりした準備をして臨んだ方がよいであろう。しかし、これはプエルト・ウィリアムスの特徴でもある。海に面しているが、まるで山の中のように気候の変化が激しい。これは風が強く、雲が大変な勢いで生まれ、運ばれてくること に関係しているのだ。

生物多様性

生態学（エコロジー）とは、生物と環境との関係について研究する生物学である。「エコ」とは、もともとギリシャ語の「オイコス」を基にした言葉で、オイコスとは「家」「家政」を意味した。エコロジーとは、生物がどのような棲家に住んでいるか、すなわち、生物の活動とその場所の関係についての自然科学である。生態学の前身は、分類学や博物学であったと言えるだろう。

エコロジーという言葉をはじめて使ったのは、ドイツ、イェナ大学最初の動物学正教授であり、生物学者にして思想家だった、エルンスト・ヘッケル（Ernst Heinrich Philipp August Haeckel 一八三四〜一九一九）だと言われている。

ヘッケルは、ダーウィンの進化論をドイツに紹介したことで知られるが、生物学と生命の哲学の分野で多くの独自の貢献を果たした。(7)「個体発生は系統発生を反復する」という有名な生物発生原則はヘッケルの発想である。『生物の一般的形態』という一八六六年の著作のなかでは、生物の進化を樹木に見立てた「系統樹」という考えを提示し、人類は複数箇所で発生したとする人類の多地域起源説を主張した。また、ピテカントロプスという原人の名前もヘッケルからの由来だ。

生物学のなかでは、ヘッケルはクラゲや放散虫などの海洋無脊椎動物の形態学・分類学を専門としており、さまざまな海洋生物を図版画にした『生物の驚異的な形』を記した(8)。あらゆる生物が軸線上の対象形として、色鮮やかに描画され、魅惑的でもあるがどこか不気味でもある独特の図版が収められている。哲学的には、ヘッケルは、進化論を基礎としながら、神即自然と捉える一元論的で汎神論的な世界観を唱えた。そのことで、カトリックなどの旧弊な宗教勢力と強く対峙した。自然の美と多様性は無限であり、この自然の力が人間の作り出す人工物や文化文明の中にも表現されているというのだ。

しかし他方で、ヘッケルは、人種差別的な優生学を提唱した責で批判もされている。古代ギリシャ、スパルタの幼児選別を引き合いに出して、人種改良的な主張をした。また精神病者や治療法のない病人には苦しみのない安楽死を与えることが、社会の義務だと考えたのである。

優生学などに見出せる進化の概念は、科学的な意味での自然淘汰説に忠実とは言えない。ただ、この時代においては、本来は価値や進歩の概念を含まないはずの進化論が、その提唱者たちによってさえも、知らず識らずのうちに、社会的に優位な立場にある人間を頂点として、そこへ至る道を安易に肯定する「進歩論」へとすりかえられていったのである。ヘッケルの自然一元論哲学も、そうした危険性を孕んだ思想であった。エコロジーという言葉にいまでも伴う一種の危険な臭いは、ここが発生源かもしれない。

ところで、ヘッケルは、エコロジーを「生物とそれを取り囲む外界との関係を扱う総合的な学問」として定義し、その「外界」には、無機的自然や有機的自然も含む、広い意味ですべての生存条件を意味すると主張した。(9) エコロジーは、生物個体レベルでの環境との関係を扱う学問であるが、他方、生物集団レベルの分布、棲み分け、異動を扱う、いわば「分布学」ないし「生物地理学・地形学」は「コロロジー（Chorology）」と呼ばれる。

しかし現代では、エコロジーという言葉は、この本来の生物学的な意味よりももっと広い「環境思想」「環境保護思想」「環境保護活動」として用いられている。人間と環境の関係がどのようであるべきかに関する思想、環境を良好に保とうとする意識や活動がエコロジーという名前で呼ばれ、「エコ」という接頭語は日本の日常語としてすでに定着している。この意味でのエコロジーにおける重要な基本概念として、持続可能性（サステナビリティ）、回復力（レジリエンス）、生物多様性（バイオダイバーシティ）、保存と保全（プレザーベーションとコンサーベーション）などがあげられるだろう。

持続可能性は、現代社会ではほぼ日常用語となっている。一九九二年、リオ・デ・ジャネイロで開催された「環境と開発に関する国連会議」は「地球サミット」とも呼ばれ、「持続可能性」の概念は、この会議で世界に広く提示された。一〇年後、ヨハネスブルグで開催された「持続可能な開発に関する国連会議」では中心テーマとなった。持続可能性とは、生態系あるいは環境系がその多様性と生産性を期限なく継続できる能力のことを指している。やや狭い意味としては、人間の環境利用が、環境の持続性が両立できるようにする方策を意味している。このように、生物多様性の保全は、持続可能性において本質的な役割を果している。

生物多様性は、ある地域における生命の総体が多様であることを指す。リオの地球サミットでは、「すべての生物（陸上生態系、海洋その他の水界生態系、これらが複合した生態系その他生息又は生育の場のいかんを問わない。）の間の変異性をいうものとし、種内の多様性、種間の多様性及び生態系の多様性を含む」と定義されている。[10]

ここには、遺伝子の多様性（一つの種のなかで遺伝子が多様に保たれていること）、種間多様性（多様な種が保たれていること）、生態系多様性（生態系が多様に保たれていること）の三つのレベルを含んでいる。環境省の生物多様性基本法（二〇〇八年）では、より簡潔に「さまざまな生態系が存在すること並びに生物の種間及び種内にさまざまな差異が存在すること」と同じ定義が与えられている。生物多様性の価値については、ウィルソンは以下のように見事にまとめている。

では、生物多様性の価値とはいったい何だろう？　従来の計量経済学のやり方で、市場価値と観光収入とを天秤にかけたのでは、必ず野生種の真の価値を過小評価することになってしまう。〔……〕さらにどんな種であれ一つとしてそれだけで自然の中に存在しているわけではない。どんな種でもそれぞれが必ず生態系の一部分であり、食物網を通して影響を広げていくにしたがい、徹底的にテストされてきた、したたかな専門家でもある。それを取り除くということは、他の種に変化を引き起こし、ある種の個体群を増やす一方で他の種の個体群を減らし、極端な場合は絶滅させさせたあげく、ひいては大きく生物分集合全体を衰亡のきりもみ降下に陥れることになりかねない(11)。

この生物学的で生態学的概念は、次のようなエマーソンの表現のなかに含まれている。

自然は一つの目的のためではなく、無数の目的のために存在している(12)。

自然は、何か一つの目的とか、いくつかの特別の目的のために、存在しているのではなく、無数の限りない恩恵を施すために存在しているのです(13)。

エマーソンが強調しているのは、自然の全方向性であり、その意味での無方向性である。先の章で私たちは、私たち人間が、意味や価値という名前のもとで、自分たちの活動を特定の方向へと導き、全体を一定の方向性へと絞り込もうとする傾向を持っていることを見た。全体としての自然は、そうした方向性をもたない。自然は、人間の意識が持つ志向性をもたない。それは「無数の目的」のために奉仕するがゆえに、どんな目的にも奉仕する。筆者は、これを無意味と呼んだのである。人間の意識は、「図」と「地」のコントラストというゲシュタルトの考え方を使えば、

「地」を犠牲にして「図」の方に焦点を当ててしまう。とくに西洋的なものの見方は、そうなのかもしれない[14]。

しかし、生態学は、「地」に焦点を当て、個体を支える諸関係あるいはネットワークを第一の実在として見ることを求めている。その意味で、生態学の概念は、個体を第一の実在として見る西洋の伝統哲学に対する挑戦となる。これが、自然の全方向性というエマーソンの考えに表れている。そしてさらにエマーソンは、次のようにも書いている。

自然が恒久不変なのは、たえず新しい始まりがくりかえされているからです。新しい自然の事実は、流出で、流出して出てくる源が、これも流出です。あらゆる流出から、新しい流出が生じます。もし何かが停止しておれば、これがおしとどめようとする急流によって押しつぶされ、消滅してしまうでしょう。そして、もしそれが人の心ならば気が狂うことでしょう。気ちがいは、一つの思想にすがりつき、自然の進行とともに流れてゆかない人なのですから[15]。

ここに見られるのは、自然を絶えざる創出として、尽きることのないダイナミズムとして見る態度である。生物の多様性とは、現時点において存在している種や遺伝子、生態系を単に保持することではない。そうではなく、生物と環境との相互作用、および、生物どうしの相互作用が豊かに展開され、自然な進化が創出され続けるプロセスを保持することである。この考えは、あらゆるものに固定的な本質とアイデンティティを求めるプラトン－アリストテレス的な伝統に対する挑戦だと言ってよいだろう。もし哲学というものがそうした本質の探究であるならば、それはおよそ間違った願望によって動機づけられた学問だったのではないだろうか。

エマーソンは、世界は根底において「一」と「多」、統合と多様性からできていると考えていた。精神の営みとは、同一性や一なるものを認識する一方で、事物の違いを見ることである。[16] 生態系とは、この一と多の側面を持つ。大切なのは自然を固定的に維持するのではなく、そのダイナミズムを維持することである。生物多様性こそが進化を支えているのであり、多様性こそが生命の生命たるゆえんなのである。

最後のヤガン人と大統領

さて、ホーン岬での滞在の話を続けよう。一月一一日からは、TDPプログラムは二〇一五年世界蘚苔学会大会（International Association of Bryologists 2015 World Congress：IAB）とタイアップした。TDPに参加している研究者と院生学生たちは、世界中から来た蘚苔学者たちの研究発表・講演を聞き、他方で、大会前日は、TDPの院生学生が、蘚苔学者たちをオモロ公園に案内し、それぞれ調査したことを彼らに説明した。蘚苔学者たちはオモロ公園内の苔の独特の生態に興味を持ち、

ラバロ地域にあるピートランド

院生学生の案内もなかなか好評だったようだ。

ただし、知り合った蘚苔学者によれば、ラバロ地区は亜南極圏のなかでは比較的に乾燥していて、肝心の苔類は意外に種類が少ないとのことだった。ふれこみでは、地球の〇・一％の土地に五％の苔類が集まっていると言っていたが、でもそれは亜南極圏全域の話であって、ラバロ地区は乾いた場所なのだそうである。

オモラ公園の近くには、湖に水苔が生えて、水が干上がり、不思議な色の、踏むとふかふかとした水苔（マットプラント）が一面に生えているピートランドがある。水苔を踏むとフカフカでときに足首までつかる。水が見えない場所もあり、足を踏み入れると膝まで濡れた。この端が湖になっていて、ラバロ河と繋がっているようだ。蘚苔学者たちは、むしろそうした場所に植生している水苔の方が珍しく、貴重だと口を揃える。日本の植物学者なら一生に一度は見てみたいものがたくさん生えているという。ある学者が、そこで見つけた臭いのする苔を示してくれた。苔は通常、無臭だそうだが、いくつかの種類の苔には臭いがあり、この苔はハエを呼び寄せるのだという。かなり近くに鼻を持っていくと、かすかに糞のような臭いがした。これだけ珍しい植物でも、素人だけでは見た目からはまったく見分けられないし、その価値も分からないだろう。

このTDPとIABの合同企画のなかでも特筆すべきは、フエゴ島にあるウライラ（Wulaia）湾へ訪問である。筆者にとっても、一月一一日のウライラ湾での一日は、印象深いこのプログラムでもっとも感慨深い日になった。

ウライラ湾には、ビーグル号で航海中のチャールズ・ダーウィンが、一八三二～三三年に過ごした屋敷があり、この地域に住んでいた先住民、ヤガン族と出会い、この地域の研究を行った場所である。TDPとIABの参加者全員で、ホテルを朝四時半出発、チリ海軍の巡視船でウライラ湾に向かう。約二時間ほどで巡視艇が湾に到着すると、ゴムボートで上陸。ダーウィンが暮らした赤い屋根をした小さな屋敷が、海沿いの緑の草原にぽつんと佇んでいるのが見えてきた。ダーウィンは本当に大旅行をしたことが実感される。

ひとしきり、この草原の生態系を観察すると、ヤガン族の文化と歴史を専門とする地元の民俗学者から、ヤガン族がかつてこの場所でどのように暮らしていたかについてのレクチャーを受ける。もちろん、草原で輪を作りながらである。

ヤガン族は、裸族として知られている。一定の地域をカヌーで移動して生活するノマドであり、狩猟採集を中心とした生活を営んでいた。ダーウィンの『ビーグル号航海記[17]』によれば、ダーウィンが乗り込む前の、一八二六年から三〇年に行われたビーグル号の前回の航海において、フィッツロイ船長は、ボートを盗んだ代償として、ヤガン族の成人男性二名、少年一名を捉え、幼い少女一名を買い取り、ロンドンに連れ帰った。

船長は、彼らをキリスト教に改宗させ、自腹を切って教育し、「文明化」させ、そしてフエゴ島に送り返すつもりだった。そのうち一名はロンドンで天然痘で亡くなる。ダーウィンが乗船していたビーグル号には、三名のヤガン人、ヨーク・ミンスター、ジェミー・ボタン、フエギア・バスケットが乗っていた。この三名については、第一〇章「フエゴ島」でかなり綿密に記述されている。

ダーウィンは奴隷制に強く反対であったし、メキシコのインディオ、タヒチやオーストラリアの先住民については好意的な記述が多く見受けられる。しかし他方、フエゴ島のヤガン族にはどうもあまり好感をもたなかったらしく、しばしば否定的な評価が下される。この島の生活を悲惨であると断じ、丸裸でいることを愚かなしるしとみなしている。当時は食人の習慣があったとも記している。ダーウィンの肩を持てば、それでも公平と考えられる記述も少なくはない。ところが面白いことに、ダーウィンはこう書いている。

フエゴ島民の部族内で各人が完全に平等に扱われていたことは、長い年月にわたってかれらの文明の発達を遅らせた原因だったに違いない。動物を見るまでもなく、集団生活をし指導者にしたがって生きる本能をもつ種は、人類の場合と同様に一番大きな進歩をとげる。〔……〕フエゴ島にも、いつかは力の強い首長があらわれて、なにか自分の力で手に入れた利益、たとえば、家畜などを所有できるようになる日がくるだろう。でもそれまで、この島の政治的な情況はほとんど改善されそうにない。たとえ一片の布切れでも一人に与えられると、小さくちぎって全員に配分されるので、だれかが他人よりも裕福になれないようになっている。逆に言えば、だれかが他人よりもずっとすぐれた膨大な財産を手に入れて他人を支配できるようにならないと、首長がどのようにして出現するのかを理解することは、ちょっと難しいのだ。(18)

南米大陸の最南端，ケープ岬の近く，ティエラ・デル・フエゴ島のワライア湾に面したにあるチャールズ・ダーウィンが滞在した家。ビーグル水道で先住民ヤガン族（ヤマナ族，フエゴ島民とも呼ばれる）の最大の集落があった。ダーウィンは，1833年にビーグル号の航海中，この地を訪問した。

この一節を読むと苦笑に誘われる。民主主義や福祉国家に関しては、この当時のロンドン人はフエゴ島に連れてきて、ヤガン族によって文明化させる必要があったかもしれない。ダーウィンは、高度の階級社会であり文明化されていたマヤやアステカ、テオティワカンを讃えただろうか。野蛮で未開なのはどちらであろうか。奴隷制に反対し、異文化に比較的理解のあったダーウィンですら、こうである。他は推して知るべしであろう。

現地では、私たちに地元の民俗学者がヤガン族の生活と風習を解説してくれた。それによれば、インディオたちは、一万年前にこの地に到着した海の遊動民である。フィヨルドの間を移動し、島から島への移り住み、カヌーの真ん中で焚き火を焚き続けた。五つの部族があり、ヤガンはその一つである。寒中でも女性は貝やエビカニを採り、男性はアシカを狩る。狩りは女性には認められていないという。裸か、毛皮をまとっている。

プンタ・アレーナスの対岸にあるフエゴ島の「フエゴ fuego」とは「火」という意味で、島のさまざまな場所でインディオたちがたき火をしていたことから名づけられたという。ヤガン族はつねにたき火を絶やさない。この寒冷の地に住む人々にとって、濡れたたまの衣服は体温を奪ってしまう。何も着ていない方がたき火で早く乾かせるのである。彼らは、カヌーの中でも火をたいていたという。ノマド的な遊漁生活を営み、この湾内のさまざまな島に家族単位（基本は一夫一婦制）で住んで、食料となるものが少なくなると別の場所に移動する。この湾全体が彼らの大きな天井のない家なのである。

家は土地の凹凸を活かしながら、さらに人工的に水が浸透しやすいように地面の掘り方に工夫があり、風をよけるように土がもられている。子どものための学校が存在し、部族にとって唯一の共同作業を行う場所である。学校は若者の出会いの場でもある。

ヤガン族もやはり他のインディオたちと同じく、ヨーロッパからもたらされた疫病に対する抵抗力がなく、多くが病死した。

二〇一五年のパトリシオ・グスマン（Patricio Guzmán）監督・脚本のドキュメンタリーフィルム『真珠のボタン』(19)は、一九世紀末のスペイン人入植者によって、インディオ達が信仰と言語とカヌーを奪われていった歴史を映像化している。裸族と言われたヤガン族は服を着させられた。しかし、ヨーロッパから持ち込まれた古着に付着していた病原菌に対抗することができず、五〇年以内にほとんどが病気して死んでいったという。

裸族が服を着ると死んでいったというのは、何か伝説じみているが、生活習慣を無理矢理に変えさせられたことの比喩的な表現と解釈できるだろう。残った者も入植者たちとの衝突や虐殺もあり人口を急激に減らした。生き残ったヤガン族では他の民族や入植者たちとの混血も進んだ。

実は、この場所を訪れる前々日に、私たちＴＤＰのグループは、最後の純粋なヤガン族で、ヤガン語を話せる最後の女性、クリスティーナ・カルデロン氏（Cristina Calderón）を招いて、ヤガン族の工芸品のワークショップを行ってもらっていた。一九二八年生まれだと聞いていたが、実年齢が信じられないほど若々しい。「矍鑠《かくしやく》としておられる」などというやわな日本語よりも「タフ」という言葉がふさわしいほどにお元気な印象だ。彼女は、現在、私たちの大学ステーションがあるラバロ地区に住んでいる。

ヤガン族の工芸品は、草深い丘をかなり奥へと分け入り、この地方にしか生えていない一種のイグサのような草を材料としている。まだ緑が若いものを各人が一束取って、海岸へと戻ってくる。それをたき火にかけ、強くねじり絞って水気をなくす。根の白い部分は切り取り、編みかたをカルデロン氏に教わりながら、アクセサリーや籠を作る。不器用な私はろくなものがつくれなかったが、根気よく作った学生のものはかなり丈夫で、美しい。

さて、ウライイラ湾を訪問した日の夕方は、ＩＡＢ学会のオープニングでチリの大統領がスピーチをした。現在のチリ第三六代大統領は、中道左派のミチェル・バチェレ氏である。彼女は、二〇〇六年から二〇一〇年の間、第三四代大統領でもあり、二〇一四年三月に再度当選した。この時点で南米では、ブラジルのルセフ氏、アルゼンチンのフェルナンデス氏と並び、三人の女性大統領が同時に在職することになる。バチェレ氏は、社会問題化する格差の解消や、憲法改正に意欲を示しているると言うが、環境問題も重要な政治課題に位置づけているとのことだ。

学会の会場は、プエルト・ウィリアムズの小学校の講堂だ。一応、参加者をチェックした上で、学会の主催者たちと大統領が入場。警備はあまり厳しくないが、これだけ政治の中心地から離れるとテロリズムをしても、何の宣伝にもならないだろう。大統領は、基本的にはスペイン語で、しかしアメリカの大学を卒業したという流暢な英語で自分のスピーチをときどき要約しながら、地球環境に関する重大な関心を表明した。本プログラムの教員のなかに大統領と近い関係の人がいて、大統領をこの学会に招聘することができたのだ。ＩＡＢ学会の本来の参加者は一〇〇名程度で、特別の機会として軍関係者も参加したので、会場は総勢一五〇名くらいにはなっていただろう。

軍関係者が多いのは、プエルト・ウィリアムズが軍港であることに加えて、バチェレ大統領の父親がチリ空軍の准将だったことも関係していると思われる。軍人ながら民主派のサルバドール・ア

チリ大統領バチェレ氏のIABでの講演

ジェンデ政権に協力し、一九七三年九月一一日のチリ・クーデターの際に、独裁者となるアウグスト・ピノチェトに逮捕され、翌年三月に拷問死を遂げた。バチェレ氏自身も母親と共に拷問を受けた。バチェレ氏は、その後、ベルリンで医学を学ぶも、軍政下のチリに帰国、反政府活動を始め、ピノチェト政権崩壊後のリカルド・ラゴス（Ricardo Lagos Escobar）の民主政権下で頭角を現したという。

学会のオープニング講演の後、海軍のホールで学会の懇親会が行われた。バチェレ大統領自身も同席し、ほとんどの参加者と握手をしていた。政治家である。懇親会には、この地域の「顔」であるカルデロン氏もご家族と一緒に招待され、大統領は最後のこのヤガン族の夫人に丁寧に敬意のこもった挨拶をした。

ヤガン族については、作家の池澤夏樹氏が新聞に寄せたエッセイで面白いことを書いている。タイトルは、「言葉の生活感――生きることの困難と喜び[20]」というもので、最後の部分で、「インディオ」の老婦人のことが書かれている。それによれば、この老婦人が生まれたときに最初に覚えた言葉はヤガン語だった。しかしふだん使う言葉はスペイン語であり、彼女はこのままではヤガン語が廃れてしまうと考えた。そこで、今、孫娘にヤガン語を教えているという。これはカルデロン氏のことに他ならず、池澤氏は彼女に会ったのだ。すると、私が会った小さな女の子は、カルデロン氏の曾孫だろう。

さて、池澤氏はヤガン語の動詞の豊富さを指摘する。複雑な動作を表す動詞が非常に多いという。

一例をあげれば、「トーアトゥ」という他動詞は「運びやすいように鳥を首や足で束ねて縛る」という意味であるという。「ただ「束ねる」のではない。猟の一場面に結びついている。おいしい鴨や鵜がたくさん獲れた喜びが伝わるような言葉だ」と池澤氏は書く。ヤガン語の動詞の豊富さに、

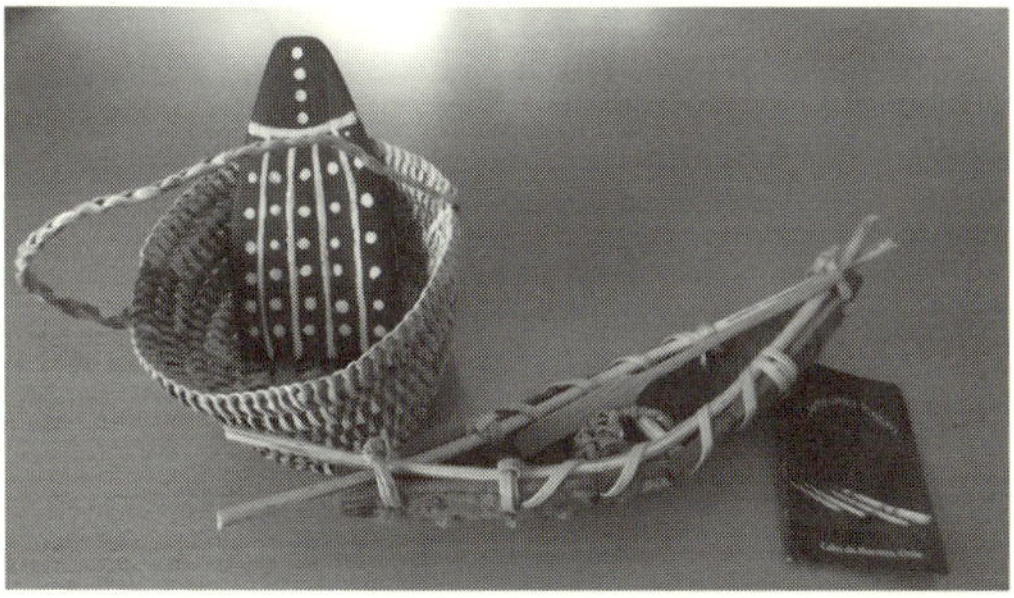

ヤガン族の工芸品

アイヌ語との共通点を見いだす。たとえば、「肉を食べる」という動作を表す言葉として、アイヌ語の「エヘナリシパ」という動詞を例にあげる。これは「片方は歯で噛み、片方は手に持ってむしり食いする」といったような意味だそうである。ヤガン族やアイヌの人々は、「食べる」動作一つとっても、より具体的で多様に表現できる単語を持っていた。

それに比べて、現在の日本語をふりかえると、「加工」という場面を例にとっても、かつて使われていた動詞がどんどん使われなくなっていることが分かる。家の中で食物を加工することが多いのは台所であるが、現代では、そこで「煮る」や「焼く」や「蒸す」や「揚げる」以上に頻繁に用いられる動詞は「(レンジで) チンする」だ。まさしく、これこそが私たちの文明と生活の貧しさを表現していると池澤氏は結んでいる。私たちの生活は、一体、何が豊かになったのだろうか。自然との接触を機械任せにすれば、私たちの行動は「チンする」のように抽象化するのであろう。

生物文化多様性

IABの学会発表は、私のような門外漢にはほとんど理解できなかったし、とくに専門用語を英語で聞き取るのはひどく難しい。しかしこうした素人でもひとつ分かったことがあった。

それは、数日続いた多くの発表には、大きく分類すると、遺伝生物学的な傾向の発表と、エコロジー的・博物学的な発表の二つの傾向があり、どうも両者の間には、方法論や自然観において、対立とは言わないまでも葛藤があるように思われたことである。それは、実験的・操作的な科学と記述的・説明的な科学との葛藤である。すなわち、苔類の生態に対してどのようにアプローチするか、その一部を科学的に分析・操作して、特定の因果関係を明らかにするのか、それとも、苔類の生態をそのままに記述し、それを取り巻く環境を全体として把握するのかといった違いである。

この対立は、他のさまざまな科学の分野でも見いだせる。たとえば、心理学でも同様のアプローチや方法論の対立が存在する。記述と操作、全体的観点と分析的観点は、おそらく、ひとつの科学の分野でそのどちらが欠けても、科学として成り立たないだろう。他方で、方法論として、そしてその方法が目指す目的において、両者は強い緊張関係にあるといえよう。

この対立は科学哲学でしばしば議論されるテーマであるが、それは科学方法論の問題であると同時に、科学を巡るカルチャーの違いでもある。科学を実験室で始まるものと考えるカルチャーと、自然との接触から始まるものと考えるカルチャーの違いである。日本の教育と研究は、前者のカルチャーがひどく強いのではないだろうか。そしてそれは、昨今指摘される子どもの「理科離れ」と結びついていないだろうか。たしかに、「理科離れ」という危機を指摘する声もあるが、その声さえもが「理科離れ」と「ものづくり離れ」とを同一視している。理科とは、工業であり、エンジニアリングだということだろう。自然への愛としての科学はどこにいったのだろうか。

現代の主流の生物学が、操作的で分析的な遺伝生物学や生物化学であるとすれば、生態学は、記述的で全体論的な傾向をもった学問である。分析的な態度は、世界を部分に分けて線形的に見るからこそ普遍性を要求し、全体論的態度は、世界が代替不可能な多様な場所からできていることを指摘する。分析的な態度は、世界を等質等方向の「空間」として捉え、全体論的態度は、世界を個性的な「場所」として捉える。

この学問上の対立は、じつは政治的あるいは社会的な対立でもある。近代の分析的な自然観は、自然を時間的にも空間的にも極微にまで切り詰め、特定の場所の個性と歴史を剥奪する。近代的自然科学に含まれる自然観は、自然を分解して利用する道を推進する。最終的に原子の構造を砕いて核分裂のエネルギーを取り出すようになるまでに自然を利用する。ある場所を、独特の生態学的な特徴と歴史的文脈を持った交換の効かない場所としてとらえるのではなく、共通の物理学的特性へと分析する。

そのことによって、自然は、他から来た移民者たちにも利用可能な対象となる。自然は、自分がその一部となって生活するところの棲み家（ニッチ）ではなく、自分はその外側にいて一方的に活用する利用対象（オブジェクト）となる。人はある場所の旅行者になるのではなく、開発者となる。

こうした自然に対する態度は、近代の人間観と照応している。近代の人間観は分析的であり、近代的な自然観と同型である。近代社会は、個人を伝統的共同体の桎梏から脱出させ、それまでの地域性や歴史性から自由な主体であることを約束した。つまり、人間個人から特殊な諸特徴を取り除き、個人の歴史的文脈を配慮することなく、原子のように単独の存在として他の存在から遊離させ、規則や法に従って働く存在として捉えるようになった。こうした個人概念は、たしかに近代的な個人の自由をもたらし、人権の概念を準備した。

しかし、近代社会に出現した自由で解放された個人は、同時に、ある意味でアイデンティティを失った根無し草であり、誰とも区別のつかない個性を喪失しがちな存在である。近代社会は、個々人を、そうした誰とも交換可能な、個性のない個体として扱ってきた。物理学の微粒子のように相互に区別できない個人観は、その人のもつ具体的な特徴、歴史的背景、文化的・社会的アイデンティティ、特殊な諸条件を無視することでなりたっている。

しかし、近代社会が想定する誰でもない個人など、本当はどこにもいないのではないだろうか。いや、それ以前に、人間をそうした無個性な存在として扱うことは、本当に公平で平等なことなのだろうか。近代社会が想定する無個性な個人は、本当に無個性ではなく、裕福で健康な、白人男性を標準としているのだ。したがって、近代社会は、人間は誰でも平等に扱う公平に扱うとしていながら、じつは力を持ったマジョリティにとってだけの平等と公平を追求してきた。だから、このマジョリティに含まれない人々のニーズは、社会から密かに排除され、不利な立場に追い込まれてきた。マイノリティとされる人々、たとえば、異民族、宗教的少数者、女性、性的少数者、障害のある人たちのアイデンティティやニーズは周辺化されて、抑圧されてきた。近代科学が自然環境にもたらす問題と、これらの近代的な人間観から生じる政治的・社会的問題とは同型であり並行している。

生物文化多様性という言葉は、この問題点に配慮した生態学的概念である。

この考え方によれば、生態系は、環境（habitats）、生物（inhabitants）、棲息形態（habits）の三つの構成要素からなっている。生命圏は、この三つの構成要素のネット上のモザイクからできている。その中でこそ、人間も進化してきた。人間の生活も、生態系の一部をなしてきた。

しかし、リカルド・ロッジたち[21]によれば、今日、この多様であるはずの生態系は、単調で画一的な植民主義地的な文化モデルによって暴力的に破壊されつつある。ホーン岬では、教育者も、政策決定者も、学者も誰も、地元にもともと居住していた人々の生活形態や言語や植物相を知らない。その地域の植物相を他の地域の植物相か区別することすらできない。

それと比較すると、インディオの人々や昔からこの地に住んでいる人々は、植物に関する詳しい知識を持っている。だが、彼らは公教育では教える側に携わらないし、政策決定にも関わらない。生物文化的な環境を知るべきなのは、逆に西洋人の教育者であり、政策決定者であり、学者なのである[22]。

カルデロン氏は、鳥に関するヤガン族のヴォキャブラリーを知る最後の一人である。ヤガン族による鳥の命名と鳥に関する逸話は、その部族が鳥のどの特徴と生態に注目し、鳥とどのような関係を結んできたかを表現している[23]。パタゴニア地区の鳥を単に学名だけで呼んだり、スペイン語で呼んだりするだけでは、その地域に昔から暮らす人たちの貴重な経験が失われてしまう。

そこでロッジ教授たちは、生物文化多様性を保護しようとの意図のもとで、二〇一一年に鳥のガイドブック『南アメリカ亜南極圏森林の多文化鳥類ガイド』[24]、さらに二〇一四年にはより理論的な『マゼラン亜南極圏の鳥類学』を出版した[25]。

『多文化鳥類ガイド』は、鳥類学者だけではなく、ウルスラ・カルデロン氏（Úrsula Calderón, 1925-2003）とクリスティーナ・カルデロン氏の最後のヤガン族姉妹（ウルスラ氏は二〇〇三年に亡くなった）、マプチェ族のロレンツォ・アイラパン氏（Lorenzo Aillapan）の協力を得て編纂された。マプチェ族は、チリ中南部とアルゼンチン南部に住むインディオで、「大地（Mapu）」の「人々（che）」という意味である。『ガイド』には約五〇種の鳥が載っているが、そのそれぞれに対して、ヤガン語、マプチェ語、スペイン語、英語、学名の五つ名前が併記され、鳥の形態や大きさ、色彩、生息場所、生態と行動の特徴、餌、保護状況などの記述とともに、現地の人々がそれらの鳥にどのように接してきたかが記されている。特筆すべきは、ヤガン族ないしはマプチェ族のそれぞれ鳥についての物語や神話が記され、鳥の声とともにＣＤにその物語が収められていることである。トキに関するヤガン族の物語のひとつを紹介しよう。

バフ・ネックド・アイビス、黄褐色首のトキ（Buff-Necked Ibis）[26]。ヤガン語：Lejuwa, Léxuwa；マプチェ語：Raki, Raqui, Raquin, Rakiñ；スペイン語：Bandurria, Bandurria austral, Bandurria común, Bandurria baya；学名：Theristicus melanopis

ヤガン族の物語：遠い祖先の時代、春になったある日、ヤガンの男が小屋から身を乗り出して、レジュワ（トキ）が空を飛んでいるのを見た。その男は、嬉しくなって仲間を大声で呼んだ。「春が来た。レジュワがもう戻ってきているぞ」。みんな喜んで踊りあがり、激しく飛び上がった。しかし、レジュワは非常にデリケートで敏感な女性で、叫び声を聞いて非常に不快になり、ひどく腹を立て、強烈な雪嵐を巻き起こした。絶え間なく雪が降り続いた。大地は氷で覆い尽くされ、全ての川と海は凍った。多くの人が死に続けた。長いことして、やっと雪がやみ、太陽が照り始めた。大地を覆っていた雪と氷が溶け始め、海峡と海を覆っていた氷は砕けた。ついにヤガン族はカヌーで海に出て食料を集めることができた。しかし大きな山や谷の側では、氷は厚くてまだ溶けていなかった。いまでも氷河が海に降りていくのが見える。氷河は、レジュワが大昔にもたらした厳しい寒さを思い出させる。そのとき以来、ヤガン族はレジュワを大きな敬意を持って扱い、自分たちの小屋の近くに来ても静かにしている。

ヤガン族の物語は、どれも深い思惟と想像に誘われるものばかりだ。トキの話は、氷河期の存在、そして鳥の移動が氷河期と関係していることを示唆している。[27] ヤガン族によれば、鳥は、遠い昔に人間が変化したものである。鳥はもともと人間であった。物語は、鳥たちが、なぜ、その場所で、その季節に、そのように振る舞うのか、なぜ人間が鳥になったのかを説明している。現在の鳥の学名は、一種の血統図としての系統樹的な発想に負っている。[28] 学名による生物の分類は血統という発想に負っている。これは実は、科学がある文化的な関心のもので誕生し、それを動機として推進してきたことを示している。

ヤガン族などのインディオの鳥類の命名には、鳥類は元々人間であったという世界観が貫かれている。ある理由によって行動した古の人間たちが鳥の形をとるようになったのである。これは学名のように血統によって生物を理解するのではなく、環境に対してどのように振る舞うかによってその生物を理解する態度である。ヤガン族にとって生物種とは、環境への振る舞いのタイプによって分類される。動物と人間とが類縁であるのは、環境への接し方が似ているからである。私たちはこれを生態学的な発想と呼ぶことができるだろう。

生物文化多様性の概念は、人間の生活が生態系の一部であることを思い出させてくれる。生命と生態系の多様性が、文化の多様性を育ててくれている。人間の文化は、人間自身のものも含めて生命と生態系の多様性に奉仕するものでなければならず、そのためには、それ自身も多様でなければならないのである。実は、環境問題の多くは、いくつかの問題ある企業や政府に起因している。環境問題は人類全体の問題であるが、その責任は実際には一部の人間たちにこそある。生物文化多様性の観点から、生物文化倫理学（biocultural ethics）を打ち立て、環境問題の原因をはっきりと帰責すると同時に、その原因となる行動をとる企業や政府の政策を批判していかねばならない。そして、さまざまな地域における生態学的に持続可能な行動や知識を称揚し、それらを政策や経済や教育に取り込んでいかなければならない。

ノース・テキサス大学の環境保護教育プログラム、「ダーウィンの足跡をたどって」は、この生物文化的多様性の倫理的な重要性を理解し、その価値を推進するための「フィールド環境哲学（Field Environmental Philosophy）」である。ロッジによれば、[29] 環境哲学や倫理学に「フィールド」が必要なのは、第一に、フィールドでこそ、生物文化的多様性がどのようなもので、どのような過程において生成するのかを実感し、探求することができるからである。第二に、フィールド調査への参加者は、その地域における生命物理的、言語記号的、社会制度的な生活者たちと直接に交流することによって、生物文化的多様性を統合的に理解することができるからである。そして第三に、その地域の人間や生物たちと「対面的に」接触することは、生物文化的多様性の理解を変え、深化させるからである。先に筆者が述べたように、自然との直接の接触なしに、環境倫理に関する賛成論や反対論を交わすのは、きわめて浅薄なことに思われるのである。

地域の特性を無視した開発は、生物多様性に著しいダメージを与える。ある計算では、近年、毎年、全生命種数のうちの〇・〇一〜〇・一パーセント、すなわち、毎年四万種以上の生命種が絶滅しているという。この原因のほとんどは、開発にある。近代以降の生命種絶滅の七割は、その生物の生息場所が人間によって破壊されたことが原因であるとされる[30]。

たしかに地球の長い歴史の中では、生物種が大量に絶滅する時期も五回ほど存在した。しかし、たとえば、恐竜の大量絶滅期でも、その絶滅のスピードは年に〇・〇〇一種程度、つまり千年に一種類程度であったという。これに比較して、人間が自然環境にもたらす変化はあまりに早すぎる。『真珠のボタン』のなかで社会史学者のガブリエル・サラサールは、生物と文化の多様性を顧みなかったチリの産業政策を批判して、次のように語る。「チリは主要産業の選択を間違えました。〔……〕海岸線は四二〇〇キロもあります。世界で一番長い海岸線を持つ国でしょう。しかし、世

ヤガン族の生活（Anne Chapman Hain, *Ceremonia de iniciación de los Selk'nam de Tierra del fuego*, Santiago : Pehuén, 2009）

界最大の海である太平洋にチリは価値を置かなかった。地球という惑星の上で半分を占める大きな存在を信じなかったのだ。でも、インディオと天文学者にとって水と生命は深いつながりを持つ、とても大切なテーマだ[31]」。流体を見なかった者は、環境を破壊するのではないだろうか。

チリのアンデス山脈、アタカマ地方には、巨大な最新型の天体望遠鏡がたくさん据えられている。空気が乾き、世界屈指の晴天率を誇るチリの山脈地方は、殊の外、天体観測に適しているからだという。巨大な望遠鏡の黒々として深く輝く眼は、人類が宇宙への深い郷愁をもちつづけていることを示している。宇宙への郷愁は、自分たちの起源と世界の始まりに対する止むことのない好奇心が別の形で表れたものではないだろうか。というのも、何億年もかけて地球に届いた光を熱心に観測しているのは、宇宙がどのように始まったのかを知るためだからである。宇宙の始原を知っても、私たちの現実の生活がよりよくなるわけでもない。それでも私たちは、自分たちの起源を知りたくて仕方ないのだ。

パタゴニアのインディオたちは、独特のボディ・ペインティングで知られる。彼らはかつて、ハイン（hain）と呼ばれる成人のイニシエーションのときに、全身を闇のように黒く塗り、そこにさまざまな白い幾何学的な線と点で不思議な模様を描いていた[32]。全身をすっかり黒くし、仮面を被っての化粧姿は、一見すると宇宙人の真似でもしたのかと思えるほどに、不思議であり、奇妙であり、不気味であり、眼を離せなくなるほどに魅力的である。インディオたちのさまざまなペインティングは、星と水、宇宙全体を表現しているという。宇宙を絵という形にして、自分たちの全身に投影するのだという。そうして彼らは、星となった人間の魂、つまり自分たちの祖先に近づけると信じている。インディオたちは、私たちが望遠鏡を覗き込むのと同じ欲求を持って、肌に星を描き出していたのかもしれない。人間の心理は、多様であると同時に、驚くほどに似ている。しかし、もはやそうしたペインティングをするヤガン族はいない。

第四章　水の哲学——ヨセミテからテキサスへ

ある海洋学者が教えてくれた。考えるという行為は海に似ている。人間の思考の原理は水と同じだ。すべてに適応するようにできている。

——『真珠のボタン』ナレーションより。

ひとつの小さき自然――パタゴニア、カナディアン・ロッキー、モニュメント・バレー

チャトウィンとセルーは『パタゴニアふたたび』のなかで次のように書いている。「パタゴニアでは、平原は変化に乏しく、低い丘陵が続き、見渡す限り灰色一色につつまれた世界が広がっている。動物の姿も目新しい物も何ひとつ見当たらない。そんな光景に接していると、心は自然を丸ごと一つのものとして受け入れるようになる」[1]。パタゴニアには、極小か極大しか存在しない。

自然が丸ごとひとつであるように感じる経験は、筆者にも何度かあった。パタゴニアの自然がひとつであると感じるのは、それが色彩に乏しい低い丘陵が延々と続いているからだろうか。もちろん、そうした一様性も一役買ってはいるだろう。だがそうであれば、海に出れば私たちはいつも自

然を一つに感じるはずだが、あまりそうは思わない。

筆者の解釈によれば、自然が一つに感じられるのは、何かとてつもなく大きな力がその風景を彫刻したかのように感じられるときだ。

筆者は、カナダのロッキー山脈を訪れたときにそのような感じに襲われた。自動車でバンフ国立公園に向かう途中、巨大な山脈が地平線上に見えてきた。しかし、車をいくら飛ばそうが、その山には一向に近づかない。いくらアクセルを踏んでも風景が変わらない。山脈は実際にはまだ遥か数十マイル先でも、目の前にあるかのように感じる。それほど山脈は巨大なのだ。しかし不思議なことに、その山脈は一方で小さくも感じたのだ。まるで掌に乗せられそうなほど。

この不思議な感じをうまく表現しているのが、カナダの風景画家、ローレン・ハリス（Lawren Stewart Harris 一八八五〜一九七〇）だ。日本ではあまり知られていないが、ハリスは、カナダの近代絵画史上でもっとも重要な集団であるグループ・オブ・セヴン（Group of Seven）の中心人物である。二十世紀初頭に結成されたこのグループの最初期のメンバーは、F・カーマイケル、L・ハリス、A・Y・ジャクソン、F・ジョンストン、A・リスマー、J・E・H・マクドナルド、F・H・ヴァーレイの七名であった。

彼らは技法的には、印象派やアール・ヌボー、商業デザインの影響を受けながらも、画題としては、ヨーロッパには決して存在しえない雄大で優美な野性を選んだ。彼らは、ジョージア湾、アルゴンキン、スペリオル湖、ロッキー山脈などカナダの大自然に、カヌーやトレッキングで奥深くわけいってスケッチをして、それをトロントのアトリエで大きなカンバスにデフォルメされた形と強烈な色彩で描きあげた。こうして、カナダの絵画はヨーロッパの影響から脱していったのである。

グループ・オブ・セヴンのなかでは、トム・トムソン（Tom Thomson）がもっとも有名であるが、その才能を見出したのはハリスであった。ハリスの絵画は、巨大なロッキー山脈や氷山、湖をあたかも箱庭の模型であるかのように、やや抽象的なほどに単純化して描き出す。三千から四千メートル級の山々が数千キロ続いている山脈が、お盆の上に作った小岩の繋がりのように描かれ、巨大な氷塊であるはずの氷山や流氷が、アイスクリームのように可愛い姿で描かれる。逆説的なようだが、これは、巨大な自然の奥深くに入り込んだ者でなければ、描きえない風景なのである。奇妙なことにハリスの絵画は、より写実的であるはずのトムソンの絵画に負けず劣らずに、リアルに見えるのだ。

筆者が自然をひとつのものとして捉えたもう一つの経験は、アメリカのユタ州とアリゾナ州に広がるモニュメント・バレー（Monument Valley）を訪れたときのことである。

ここは、コロラド川によって大地が侵食され、その川底の二億数千年前の地層がむき出しになっている場所である。特徴的なのは色で、鉄分を多く含んでいるせいで、茶褐色というよりも「赤い」と呼んだほうがよい色をしている。侵食されて残ったテーブル状の岩の台地を「メサ」と呼び、それよりもさらに浸食が進んで細くなった岩山が「ビュート」と呼ばれる。三〇〇メートルを超えるメサやビュートが点在し、あたかも記念碑（モニュメント）が並んでいるかのようである。

「バレー＝渓谷」と言われるが、日本のような切り立った狭い谷ではなく、大平原というべきである。ただし「原」といっても草はほとんど生えていないのだが。この場所一帯がナバホ族の聖地であり、現在は、彼らの管理下に置かれている。マルボロというタバコのコマーシャルで使われたり、ジョン・フォード監督の傑作西部劇が撮影されたりして、メディアに頻繁に登場するので、いかにもアメリカらしい荒野として日本でもよく知られているだろう。

しかし実際に訪れて、深く赤い色をした岩山たちが互いにくっきりとした黒い影を残しながら夕日が沈み、また、早朝に冷えて乾燥した空気の中に、朝日が地平線から変形しながら昇り、赤々としたテーブルロックが同じ色の大地に長い黒い影を差し向ける光景を見ると、「圧巻」という言葉以外に思いつかない気持ちになる。

案内してくれたナバホ族のガイドは、「右手」「左手」「モンク」「フクロウ」「巨人」など、動物や人になぞらえた大きなメサやビュートの名前を紹介しながら、ナバホ語と日本語が面白いほど発音が似ており、かなりの数の単語、とくに体の部位を示す単語の発音がきわめて類似していることを指摘していた。彼らの祖先がアジアからアラスカ経由でこの大陸にやっていたのは確かだが、ナバホ語と日本語の間に言語学的なつながりがあるのかどうかは、私には分からない。

モニュメント・バレーの赤い台地は、まさしく恐ろしく巨大なテーブルという感じだ。この台地には裾野がない。頂上から下までずばりと垂直の直線である。火山でできた円錐形でも、褶曲運動によって生じた盛り上がった形とも異なる。いまだにこの大地の侵食は続いているらしく、台地の

モニュメント・バレー

端の方がちょうど氷河が崩れるように、崩れ落ちているところが目立つ。遠くから眺めると小さなかけらのように見える欠け落ちた岩石も、近くに行くと数百人の人間を押しつぶすのが造作ないような大きさであることがわかる。この広大さに比較すると人間など何でもない存在であることが実感される。

フランスの哲学者のパスカルは、「人間は考える葦《あし》である」と述べたことで有名である。人間は宇宙の大きさと比べると葦のように弱くもろい存在である。しかし、宇宙はどんなに巨大でも考えることができないのに対して、人間は自分の存在を含めて宇宙を認識することができる。だから、人間は偉大な存在なのだという意味である。だが、パスカルはこのモニュメント・バレーにいて、あるいは、ロッキー山脈やパタゴニアにいて、同じセリフを吐けただろうか。果たして人間の認識は、私たちの意識は、この荒野を包み込むことができるだろうか。逆に、この自然が思考することのない、精神的なものとはまったく無関係の物質だと思えるだろうか。私はとてもそうは思えなかった。むしろ自然は、人間をはるかに超えた偉大な精神であるかのように感じるのだ。

アメリカのインディアンたちは、岩や大地を、もっとも年長で、ある意味でもっとも賢い存在として、真剣に敬意を払う伝統をもっているという。「大昔から、アメリカの先住民の世界観では、大地は決定的に重要なものであり、またそこには霊的な次元があり、人間はまさしくその次元に存在するという確信があった。そこから、大地に関する倫理的諸命令が存在するという結論が論理的に出てきたのである(2)」。筆者には、この点に関しては、パスカルよりはインディアンの方がはるかに賢く、大人であるように思われる。

だが、この巨大な赤いテーブルも、何時間も呆然と眺めるうちに、なぜか小さなものに見えてくる。巨岩の表面には亀裂が走り、麓は崩れた岩がごろごろ転がっている。これは、この巨岩がもろいこと、少しの力で崩れてしまいかねないこと、年月がたてば浸食され風化することを印象づける。しかし、それを崩すのは、人間の力をはるかに超えたものであり、それが風化するのは人間の命よりもはるかに先である。私たちは巨人の脆さを見るが、それは到底、人間の尺度を超えており、神々の領域でこそはじめて巨人は弱みを見せるのである。岩に与えられる影も巨大である。巨大で単純であること、この自然を前にして感じる感情が「崇高」と呼ばれるのだろう。そして、人間は小さな天体の小さな石の影でひっそりくらす、何者でもない子虫のようである。

ハリスが、雪を頂いたロッキー山脈をグラス食器の上のアイスクリームみたいに描いたように、モニュメント・バレーのメサもミニチュアの箱庭においた柔らかい軽石のように小さく感じてくる。もしパスカルがこれと同じ感覚を持って人間の精神の偉大さを語っていたとしたならば、人間の精神がこの巨大な自然を小さいものであるかのように知覚するという不思議な働きを示唆してあの一文を唱えていたとするなら、私は大きく頷き、パスカルの慧眼を褒め称えていただろう。不思議な感覚であるが、なぜこうしたことが生じるのだろうか。

それはおそらく、ロッキー山脈の場合も、モニュメント・バレーの場合も、そこにある風景が——風景といってまずければ、土地ないし場所が——何かによって作られたものであることを感じられるからである。モニュメント・バレーの赤いメサやビュートを見た者は、その人が氷河時代に関する地質学的な知識を持ってはいなくても、それが平たい平地から、物凄い、例えようもない巨大な力によって削られてできたことを見てとれる。

地平線の先まで続く平たい台地に、ポカッとテーブルのように屹立するメサたちは、その平地全体が削られていく過程で残った部分にすぎないことが、メサの岩肌の流れや下の台地の起伏から見えてくる。そして、モニュメント・バレーの広大な台地が、もともと川底のような場所であることをどこかしら感じ取ることができるのである。そこを通過して行ったのは、メサやビュートしか残さずにこの台地をあらかた削っていった猛烈な量の水である。巨大な岩たちよりもはるかに巨大な量の水がこの地球の表面を撫でていったのである。

ロッキー山脈の場合も同じである。ロッキー山脈は、古くは六億年前、新しくは白亜紀後期（六千五百年前から一億年前）の褶曲運動によって持ち上げられ、そのずっと後の氷河期に時代にかずかずの谷が削られたと言われている。しかし、三千〜四千メートル級の大山脈がアイスクリームのように見えるのは、褶曲運動という単語を知らなくても、それが何か巨大すぎる力によって下から持ち上げられてきたことを感じるからである。そして、山脈の間のさまざまな谷がやはり恐ろしい量の水力、あるいは氷河の力によって削られてきたことを見てとれるからである。

いくら自動車を飛ばしてもなかなか近づけない、それほど偉大なロッキー山脈を下から突き上げ、削り取り、浸食するような、さらに巨大な力が存在する。そして、その力はいまも存在し続けているという感覚。それは地球そのものの力である。夕暮れどきにメサに映る他のメサの影も、巨大すぎるためにかえって大きく見えない。巨大であるにも関わらず、巨大に見えない。しかし、これらの巨岩も、地球の表面からみれば米粒ほどもない。メサの巨大さを目の当たりにしながら、地球のさらなる巨大さを感じ、その先に宇宙の神々しい巨大さを感じる。人間にとってみれば無限と呼んでよいような力の前に、眼の前の巨岩が小さく感じるのである。そして人間はその大きさの前に、自分を小さな破片でしかないと自覚する。メサを小さく感じさせるのは、人間の精神ではない。宇宙の大きさなのだ。

パタゴニアの一様さ、単調さを作り出したものは、南米大陸の南端に海から吹き付ける風である。それは地球の自転が生み出すコリオリの力と太陽の熱の複合した力である。人間を芥子粒以下の存在にしか見えなくさせるパタゴニアの平原、ロッキー山脈、モニュメント・バレーのメサたち、これらを小さきものとして感じさせるのは、水であり、風であり、地球であり、そして何よりも太陽である。神話的存在としての地水火風の四元素。この自然の風景と場所とを作り出す力としての四元素こそが、自然の奥深き姿である。私たちが観光地として訪れる自然の景観が、作りだされた自然、すなわち所産的自然だとすれば、それらの力と運動としての自然とは、能産的自然である。

哲学者のカントは、一七六四年の『美と崇高の感情性に関する観察』の著作の中で、自然に「崇高さ(Erhabenheit, subline)」を見出す(3)。カントにとっての崇高とは、大きく、単純で、高くあるいは深く、長く連続した偉大なものを前にしたときの、戦慄や恐怖、尊敬、畏怖など念を含んだ感情である。私たちは、自分の眺望のもとにその全容をとらえきれないほど圧倒的な大きさの自然を前にしたときに、恐怖や畏怖の念を覚える。カントによれば、人間の構想力、言い換えれば、想像力とは、多様な感性的経験を一定のかたちへと整序して、美的な調和を与える力である。だが、その構想力も巨大すぎる自然を前にするとうまく機能しなくなる。カントに言わせれば、崇高とは、偉大なるもの、すべて限界を超えて突出しているもの、荘厳なるもの、無限なるものが、人間の有限な感覚を媒体として現れることである。それは、人間の構想力を超えている。したがって、崇高とは、大きさと力において圧倒的な自然を前にしての、一種の挫折にはじまる経験である。

だが、理性の哲学者であるカントによれば、構想力において挫折したとしても、私たちの理性はたじろぐことはないという。というのも、たとえ驚嘆すべき大自然であっても、地球上のものは所詮、無限ではありえない。自然は、結局のところ、有限なものにすぎないことを理性は知っているからである。自然の壮大さと崇高さは、感性的な経験としては、人間に挫折感と不快な敗北感を催す。だが、人間が自分の理性を行使すれば、どのような大きな自然をもその能力で凌駕することができる。そして、自分の理性の無限の能力に対する、自尊と誇りが生じるのだという。

カントの考えには、理性は神から与えられ、神を引き継ぐ能力であるという古風な信念を見ることができる。ルネサンス期のペトラルカ（Francesco Petrarca 一三〇四〜一三七四）は、フランス南部プロヴァンス地方にあるモン・ヴァントゥに登山し、その美しさを語ったはじめての「近代人」とされている。しかしペトラルカは頂上に登り、その自然美に感激を覚えるやいなや、一転、聖アウグスチヌスの警句を思い出す。「自分の内面にこそ目を向けよ」という警句によって自戒の念を覚えたペトラルカは、自然を讃えることをただちに控えてしまうのである。

カントの考えは、ペトラルカからそれほど遠くない。さらにいえば、ペトラルカもカントも、チチェン・イッツァの球技に優勝して生贄に我が身を捧げ、自分が神の業を代行していると信じた勇者と、あまり遠くないように筆者には思われるのだ。そのどれもが、内なる神なるものによって自然を征服できたと信じているからだ。だが、その彼らの神なるものはきわめて人間的である。

経験を重んじる筆者の立場からすれば、プロイセンの首都を離れることのなかったカントが、雄大な自然にどれほど接することができたのかは疑問である。大自然の中で「理性が働きはじめる」までじっくりと身を浸す経験があったかどうかは、さらに疑問である。理性が広大無辺な自然を前にしても、それを凌駕できる自信と誇りを示すなどという発言は、言葉と概念だけに頼った空威張りに思えてくる。いや、別の見方をすれば、これも自分の見知らぬ場所を神の名のもとに即断しようとする一種の植民地主義なのだ。ここでいう「植民地主義」とは、自らの文化の枠組みを異質な人々や文化や社会に一方的に押し付けて、他者の固有のあり方や価値を理解しようとしない態度のことである。その態度は、異質な人々やその文化から影響を受けない距離と権力の保持、すなわち、植民地と宗主国のような関係のなかではじめて可能である。後に述べるが、同じ態度が和辻哲郎の風土論や、日本の古典的な自然賛美にも見いだせるのである。

パタゴニアの風に身をさらして、感じるのは自然の有限さなどではなく、その風の中では考えるどころか、息をすることすらできなくなってしまうような人間の小ささであり、呼吸が乱れれば思考もまとまらなくなる精神の身体性である。あの巨大極まるモニュメント・バレーのメサたちの背後に、超絶的な風と水の威力、地球の運行の偉大さと太陽の絶対性を感じたとき、その背後にさらにどのような姿の超越神を想定し、四元素を超えるいかなる人間精神を仮定すればよいというのだろうか。自然は、それを力として捉えたときには無限として現れるのではないだろうか。尽きることのない循環する力としての自然は、無限の力の片鱗として私たちの前に現れるのではないだろうか。そしてそれが自然の崇高さと呼ばれるものであろう。

　でもこれは、一八世紀の職業的知識人の限界を無視したあまりにも野暮な発言だと言われるかもしれない。しかし、その時代であっても、山岳や海洋、極地を経験した人々の記録が存在し、それらと比べるとカントの崇高論には納得がいかないのだ。「理性（reason）」とは、煎じ詰めれば、人間同士の常識、あるいは人間に共通する感覚のことである。私は、理性よりもむしろ、生物の生きのびんとする力の方を、その表出としての思考の方こそを賛美したいのだ。

　映画『真珠のボタン』のナレーションは、「考えるという行為は海に似ている。人間の思考の原理は水と同じだ。すべてに適応するようにできている」と述べた。思考は生命力の発現である。エドモンド・バーク[4]も、カントも、かつての哲学者たちは、美と崇高を対立するものと考えた。だが、現代人にはあまり共感できない。カントよりも少し前に出版されたバークの『崇高と美の観念の起原』（一七五七年）を読んでも、自然についての崇高を語りながら、自然についての観察はあまり見いだせず、ましてや大自然についての経験に基づく言及はまるで見当たらない。根本的には、バークも自然に関心がなかった。美の定義は、昔は狭かったのではないかと想像するだけである。

水と海の経験——ソローとカーソン

ここまで私は、自然の景観や風景の背後に、それらを生み出す力と運動としてのより深い自然を感じ取った経験について述べた。力や運動は、水や空気のような流体として感じられる。興味深いことに、今日の環境問題においても、かつての自然保護運動においても、つねに問題の中心としてあったのは水と空気の問題ではなかっただろうか。

今日の重要な環境問題としてあげられる大気汚染や温暖化、オゾン層破壊、海洋・河川・地下水の汚染、渇水など水と空気に関わることは明らかである。土壌汚染も循環する汚染物質に関わっている。さらに環境破壊によってもたらされるとされる異常気象も、台風や竜巻の巨大化と頻発、大雨と砂漠化など、やはり水と空気の問題だ。環境問題とはつねに循環に関わる問題なのではないだろうか。私たちのこれまでの知のあり方のどこかが、循環と流体について無知なのである。

考えてみるならば、環境保護思想や環境哲学は、水の流れからインスピレーションを得ることが多かった。

ソローはいつも水辺で思索していたといって過言でないほどだ。彼は、マサチューセッツ州コンコードのウォールデン池北岸の小屋に二年間生活した。それだけではなく、ソローの四冊の主著、『コンコード川とマリック川の一週間』[5]（一八四九年）、『ウォールデン（森の生活）』（一九五四年）、『メインの森』（一八六四年）、『コッド岬』[6]（一八六五年）のうち三つが水辺をテーマとしている。『コッド岬』は、『森の生活』と比べると孤独色が薄れ、思索的な蟄居であるよりも、四度の訪問を記した解放感のある旅行記であり、一種の叙事詩のようである。浜辺とは陸と海は出会う場所である。ソローはこう書いている。

陸地が海から隆起して乾燥地となる前は、渾沌《カオス》が支配していた。陸の女神が部分的に衣の着脱を繰り返す高水位線と底水位線の間では、今でも一種の渾沌が支配しており、そこでは変則的な動物しか棲み着かない場所になっている。アジサシはその間もずっと私たちの頭上や波間を飛び回り、ときたま二羽の白いのが一羽の黒いのを追いかけたりしていた。[7]

先に少し触れたレイチェル・カーソンは、農薬の残留性や生物濃縮の恐ろしさを訴えた『沈黙の春』（一九六二年）の著者として知られている。しかし、むしろ彼女の文才の本領は、『沈黙の春』に先立って書かれた海の三部作、『潮風の下で』（一九四一年）、『われらをめぐる海』（一九五一年）、『海辺――生命のふるさと』[8]（一九五五年）に表れている。これらの本は、『沈黙の春』のように環境問題を訴えるためのものではなく、一般の読者に、わかりやすく、海の成り立ちと構造、海と陸地との関係、海とその端境に生きるさまざまな生命についていきいきと叙述した生態学の著作である。しかし、これらの著作から海と海辺の生命の豊かさを実感した読者は、おのずと環境保護に目覚めるのではないだろうか。カーソンは海辺での経験を確かに読者に伝えるのである。

カーソンは、一九〇七年にペンシルベニア州に生まれ、ペンシルベニア女子大学で当初、英文学を専攻するが、生物学に転向して卒業する。三二年にジョンズ・ホプキンズ大学大学院で動物学修士をとり、大学講師などをやりながら研究を続ける。三六年に姉マリアンが亡くなり、その二人の娘を引き取る。これにより経済的には苦しくなったが、同年に、運良く公務員試験に合格し、漁業局に初級水産生物学者として雇用された。四一年に、漁業局の編成替えで内務省の魚類・野生生物局に異動する。

家族を養わなければならなかったカーソンは、ソローのように自然の中にひとり隠棲する生活を送ることはできなかった。だが自然経験といえば、彼女は、三六年から五一年までアメリカ連邦漁業局に勤務し、海辺で観察採集を行い、戦後の数年間は野生生物保護の調査に関わっている。雑誌記事に出した解説やエッセイが好評となり、四一年に『潮風の下で』を出版するも、当時は戦時下であまり売れなかった。しかし、五一年の『われらをめぐる海』はベストセラーになり、再版された『潮風の下で』もベストセラーになり、前者は映画化もされる。

『潮風の下で』では、いわばそれぞれの生物、アジサシ、ミユビシギ、マボラ、サバ、ウナギ、マス、アンコウ、ワタリガラスのそれぞれの視点にたって、食物の循環を描きだした傑作である。この著作にはさまざまな生き物がでてくるが、鳥類と魚類の生態が中心となっている。だが、そこに人間の漁師も登場し、人間も生態系の一部をなしている動物であることを気が付かせるところが素晴らしい。

あらゆる生き物は、海、河、空、陸地に渡る複雑な食物網のなかで互いに結びついている。この多様な生き物が織りなす営みを、カーソンは文学的に表現していく。しかし、文学的だからといって、人間的な感情や思考を身勝手に他の生物に投影する擬人主義はここにはない。人間性を投影してナルシスティックに自然を理解しようというのではなく、自然の一部として人間の位置を理解させようというのである。実を言えば、筆者はこのカーソンの著作があらゆる環境文学の中で最も好きだ。

海辺は、潮のリズムによって、海ともなり陸地ともなる場所である。『海辺』を読むと、海辺という陸と海の両方の性質をもつ場所に順応した生物は、劇的な長足の進歩を遂げ、ついには陸に上がることが可能になったのだと納得させられる。海辺こそ、進化を最もよく見極められる場所なのだ。ソローが「変則的」と呼んだ海の生き物たちこそが、陸と海をつなぐ生命の輪である。『潮風の下で』や『海辺』でカーソンが描いているのは、概念的にいえば、食物網に他ならない。だが、そうした抽象語によっては、自然の具体的な営みはなかなか思い描けない。しかし、カーソンの生き生きとした筆致は、生物たちのさまざまなやりとりを叙事詩のように描き出す。彼女の本を読むと読者は、食物網とはさまざまな生物がひとつの社会を形成していることなのだ、生態系とはそうした生命の共同体であり、生命のやりとりとしての自然の経済なのだ（エコロジーのエコとは、エコノミーと同じ「家政」「家計」を意味する）と、しっくり理解できるのである。『沈黙の春』で、農薬による生態系の汚染を警告できたのは、それ以前にカーソンが海における生命の循環を観察していたからだと言えるだろう。土壌もまた、生態系の循環の一部を成す、ゆっくり動く流体だからである。

ジョン・ミューアの思想とヨセミテの氷河

カーソンからは随分と時代を戻るが、エマーソンやソローに影響を受け、カリフォルニア州を中心としてアメリカ西部の自然保護を推進し、「国立公園の父」とか「自然保護の父」と呼ばれるジョン・ミューア（John Muir 一八三八～一九一四）も水との関わりが深い。

ミューアは、レオポルドやカーソンやネスに先立って、環境保護活動に決定的に重要な影響を与えた思想家・文筆家であり、自らもシエラネバダ山脈やヨセミテ渓谷の自然保護を訴えた活動家である。だが、それ以前にその地域が氷河によって形成されたことを証明した地質学研究家でもあった。

彼は、一八三八年にスコットランドの港町ダンバーで生まれ、四九年に家族とともに、アメリカ・ウィスコンシン州に開拓農民として移住する。六一年にウィスコンシン大学に入学するも、南北戦争が激しくなると退学し、六〇年代は、博物学研究の旅に出る。カナダやフロリダを放浪したり、メキシコ湾岸まで千マイルも徒歩で旅行したりした。一八六八年にはじめてのヨセミテを訪れ、以後、ヨセミテを中心に活動をするようになる。(9)

ミューアは晩年になって執筆活動を盛んに行うようになる。『はじめてのシエラの夏』(10)が、出版されたのは一九一一年であった。この著作のなかで、ミューアは、ヨセミテを含むグレート・セントラル・バレーには春と秋の二つの季節しかないと書いている。別の表現では、花の咲く季節と花が枯れる季節のふたつである。春は、一一月の暴風雨で始まり、続く二〜三カ月は花が咲き乱れる春になる。それが五月も終わりになると乾燥と酷暑で花は枯れ果てる。この著作を読んでおいたので、筆者は二月にヨセミテ国立公園を訪れることにした。

『はじめてのシエラの夏』の「シエラ」とは、スペイン語の「山脈」を意味する。アメリカのシエラネバダは、スペインのシエラネバダに由来する。アメリカのネバダ州名はこの山脈からとられたわけである。

筆者は、以前にスペインのマラガに研究のために滞在したことがある。マラガは、スペイン南部、アンダルシア州マラガ県の県都である。ポルトガルに近接し、アフリカ大陸に非常に近い、地中海に面した港町である。リゾート地としても栄えている。マラガは海に面しているものの、きわめて乾燥している。六月から九月までは一滴も降らないという。冬もあまり降らずに、一〇月の秋と春にだけ雨が降る。

これだけしか降らないのに、マラガが水不足にならないのは、すぐ背後に三千メートル級の山が並ぶネバダ山脈（シエラネバダ）を背負っているからである。ネバダ山脈とは、スペイン南東部アンダルシア地方にある山脈で、最高地点は、三四七八メートルのムラセン山である。年間を通じて雪が残っているので、スペイン語で「雪に覆われた山脈」という意味だそうだ。ネバダ山脈の反対側には貯水池があり、そこから水を引いているので、これだけ乾燥していてもマラガは水不足にならない。

これは、アメリカのネバダ州のことを考えるととても面白い。ネバダ州の州都、ラスベガスが水量豊富なのはロッキー山脈から水を引いているからである。ちょうど本家、スペインのネバダと同じような地理学的な配置になっている。最初にカリフォルニアに来たスペイン人たちは、そこにある高い山々を「シエラネバダ」と名付け、その内陸部をネバダと名づけた。ハイ・シエラとも言う。

ヨーロッパ人が到着する以前のこの地域にはパイユート族、ショショーニ族および、ワショー族インディアンが住んでいたという。その後スペインが領有権を主張し、メキシコがスペインから独立からはメキシコの支配下となった。しかし、一八四八年、ソローが激しく抗議していた米墨戦争で勝利した合衆国は、この領土を獲得して、一八五〇年にユタ準州として組み入れた。アメリカのシエラネバダ山脈（「シエラ山脈」という呼び方は、「ピザ・パイ」のように同語反復的だが）

は、南北に六四〇キロ続き、ロッキー山脈よりもさらに高い山々を抱き、最高峰はホイットニー山（Mount Whitney）で四四二一メートルある。ヨセミテ、セコイア、キングス・キャニオンなどもその全景の中に入る。

ヨセミテ峡谷は、ミューアが訪れる数年前、一八六四年にはアメリカで初の自然公園に指定され、「州立」公園としてすでに観光地化されていた。この八年後の一八七二年には、イエローストーンが世界で最初の国立公園として設立されたが、その原型はヨセミテにあった。筆者が注目したい『はじめてのシエラの夏』の一節ではこう書かれている。

山の上を流れる小川がレース状に広がっていくのを見ていると、すべてのものが流れており、どこかへ向かっているのだということが思い出される。水だけではなく、動物や無生物の岩もそうだ。だから、たとえば雪は氷河や雪崩となりながら雄大な美しさで速くそしてゆっくりと流れていく。大気は荘重な洪水となり、鉱石、植物の葉、種、胞子を音楽と香りとともに運んでいく。水の流れは、石といっしょになり、また、泥の粒子、砂、小石、そして岩といった形で運ばれていく。石は泉から水が流れるように火山から流れでる。そして動物の群れもいっしょになり、跳ねたり、滑空したり、飛んだり、泳いだりして、変化しながら流れでてくる。そのあいだ、星は大自然の温かい心臓につぎからつぎへと拍動を与える血球のように宇宙を流れていく。(11)

ヨセミテ国立公園

ここには、あらゆる存在を水と空気のような運動体として捉える、いわば流体的な世界観が顕著である。こうした考え方は、単に観念上の世界観というよりは、ミューアがヨセミテの自然の中に奥深く分け入り、生態系の連鎖のダイナミズムのみならず、ヨセミテ渓谷の形成に関わる地質学的な事実を見極めるうちに得られたものである。

ミューアは、ハイ・シエラの山々を歩いて、花崗岩が巨大な力で磨かれたような跡をつけていること、岩肌の一定方向に向かってついている割れ目や筋が走っていること、土手に大小の岩や小石が堆積していること、巨礫の角が水で丸くなっていることなどの事実を見出した。こうした地質と地形の観察と調査から、彼は一八六九年には、氷河仮説を立てるに至る。すなわち、シエラネバダ全体がかつて巨大な氷原によって埋められており、そのなかの主流の氷河が、トゥオルミーからテナヤ渓谷を経て、ヨセミテを通り、中央渓谷まで流れていたという壮大な仮説である[12]。

この仮説は、当時のアメリカの地質学会の最高権威であるハーバード大学教授のジョシュア・D・ホイットニー（Josiah Dwight Whitney 一八一九〜一八九六）の説と対立することになる。ホイットニーは優れた地質学の業績を残し、ヨセミテを州立公園にするのに貢献のあった人である。そのホイットニーは、ヨセミテには氷河の痕跡は見出せるものの、渓谷ができた基本的原因は、地震などの地殻変動によって局部的に沈下したことにあると結論づけていた。

アマチュア地質学者のミューアと権威あるホイットニーの対峙は、アメリカ地質学会を二分する大論争となった。一八七一年にはついにミューアは、氷河を裏付ける知識学的痕跡だけではなく、生きた残存氷河をシエラネバダ山中で発見し、同年「ヨセミテの氷河」というエッセイを『ニューヨーク・トリビューン』誌に掲載した。単なる雪渓と思われたものも、よく調査すると氷河の生き残りであって、ミューアはシエラネバダ全体で六五もの残存氷河を発見する。

ミューアがこうして持説を支持する証拠を揃えることができたのは、ヨセミテ渓谷を過去の地質学的変化の遺物と捉える当時の学会の考えに従わず、ヨセミテがいまも変動しつつある過程として捉えていたからである。ミューアは、地質学のみならず、植物学や動物学も自分の理論に利用した。自然を全体的な過程としてみる生態学的な視点が、氷河説を発想させたのである。

結局、この論争は、ミューアが数多くの証拠を揃えたにもかかわらず、ホイットニー派が沽券に関わるとどうしても認めなかったせいで、ミューアの存命中には決着を見なかった。彼の死後、オランダ生まれの地質学者フランソワ・マッツェが一七年にわたる調査の末に、一九三〇年に決定的な論文を発表する。それによれば、ミューアの氷河説は、氷原の範囲を広く想定しすぎていたが、ヨセミテが氷河によって削られたことは大筋で正しいことが証明されたのである

ヘッチヘッチー論争——保護と保全

ヨセミテでミューアは、尊敬するエマーソンを含めてさまざまな来客を迎える。一八八九年五月に『センチュリー・マガジン』誌の編集者であり、自身がナチュラリストでもある、ロバート・アンダーウッド・ジョンソンがミューアを訪れた。ジョンソンはミューアとともに、ヨセミテの中をキャンプしながら視察すると、その荒れ方をなげいて、ミューアにヨセミテは国立公園にするべきだと勧めた。ヨセミテ渓谷はすでに州立公園に指定されていたにもかかわらず、維持管理する委員会は機能しておらず、森林は伐採され、小屋や柵、伐採木があちこちに残り、豚や馬が公園内を徘徊し、周辺には羊が放たれていた。[13]羊は、森林や草地を丸裸にしてしまう。

先に述べたように、イエローストーンが七二年に国立公園に指定されていたが、北米の国立公園の歴史は観光地化との戦いの歴史だったと言えるかもしれない。ナイアガラは、北米の探検時代においてもその壮大さと美しさによって知られた存在であった。一八世紀には観光が盛んになり、その中頃にはこの地域の主要産業となっていた。一八二五年にエリー運河が完成すると旅行ブームに火がつき、展望タワー、宿泊施設、土産物屋が立ち並ぶようになり、綱渡り、たる下り、サーカスなどのアトラクションが催され、通俗化が進んだ。

こうした自然の景観の破壊と通俗化に対しては、アメリカ国内外から批判が相次ぐようになる。そして、ニューヨークのセントラル・パークの設計者であり、アメリカの景観設計や造園に先駆的で大きな貢献のあったフレデリック・オムステッド（Frederick Law Olmsted 一八二二〜一九〇三年）が景観の保存に尽力し、一八八五年には州立の保護区とした。だが、ときすでに遅し。ナイアガラの美的価値は低下してしまっており、国立公園と指定されることはなかった(14)。

いまでもナイアガラは、日本の観光名所にありがちなように、沿道に賑やかで華やかなお店やホテルが並び、そのせいで瀑布の美しさはアトラクションのような通俗性のベールで覆われてしまっている。まだ一九世紀の絵画には見られた、膨大な水量の落下がもたらす単純さと壮麗さは隠れてしまっている。周囲の景観が人工的であるせいか、瀑布自体は、大きな落差のある幅広い河という淡白な印象を与えてしまう。崇高は通俗性によってすぐに打ち消されてしまう性格なのかもしれない。

さてミューアとヨセミテに話を戻すと、ミューアが二〇万人の読者を持つとされる『センチュリー・マガジン』誌に、ヨセミテを国立公園にすべしとの二本のエッセイを発表すると、各新聞がその全文ないし一部を掲載した。多くの支持が集まり、直前に提出されていたヨセミテ法の成立を後押しすることになった。そして、一八九〇年一〇月一日からマーセッド川流域とツーオラム川源流域を含む公園が、正式に保護されることになった。イエローストーンと同じく、内務長官の管轄下に置かれ、自然状態のままで保存すること、動物のむやみな捕獲の禁止、侵入者の追放などが定められた(15)。

一九世紀中頃から、アメリカでは登山家や鳥類愛好者が自然保護団体を作り始めていたが、ヨセミテでも、『センチュリー・マガジン』のジョンソンが発案者となり、一八九二年五月二八日に「シエラ・クラブ」が発足した。会員は当初、一八二名で、初代会長は推薦によってミューアが引き受けた。政治的な職には向いていないことを自覚していたミューアであったが、自然保護には団体が必要であることも実感していたのである。

全米科学アカデミーは、一八九六年に国有林委員会を組織した。ミューアは、一八九六年七月に、国有林委員会のメンバーとともに、ダコダ、ワイオミング、モンタナ、ワシントン、オレゴンの森林調査、南カスケード山脈、海岸山脈、南カリフォルニア、南シエラネバダ、グランド・キャニオンを調査して回った。

大規模な調査で露わになったのは、これらの地域の自然が、伐採や違法採掘、過度の放牧によって散々に荒廃しているという現実であった。一八九一年の森林保護区法（Forest Reserve Act）に指定されているはずの地域でも、行政は何もしておらず同じ状況であった。メンバーたちは、森林保護区の拡張と管理体制の確立が早急に必要であることを認めたが、管理内容に関してひとつの重大な対立が生じた。

ミューアは、その翌年一八九七年に制定された「森林管理法（Forest Management Act）」が森林保護区内での鉱山開発や放牧を認めていることにさらに危機感を募らせ、自然の「保存

(preservation)」を訴えた。保存とは、ウィルダネスを理想として自然を手つかずに、ありのままに保護しようとする立場である。

これに対して、森林委員会のメンバーであったギフォード・ピンショー(Gifford Pinchot)とそのグループは、自然の「保全(conservation)」を主張した。ピンショーは、イェール大学を卒業後、フランスのナンシーの森林学校に一年間留学し、農産物として自然を管理する技術を学んで帰国した。彼は、オルムステッドの伝手でノースカロライナの私有地で森林監督官としての仕事を得ると、一八九八年には連邦森林部の責任者となり、一九〇五年に農務省森林局の初代局長に就任した。編集者ジョンソンともセオドア・ルーズベルト大統領とも知り合うようになった。

ピンショーによれば、保全の第一の原理は開発であり、「今ここに生きる人々の利益のために、現在この大陸に存在している天然資源を利用することである」[16]。石炭の利用、鉄道の補助手段としての水路の利用がそうであるという。そして、第二の原理が浪費の予防である。天然資源の浪費や破壊がどこまで許されるのかは、「経済原則によって完全に支配される問題である」[17]という。ピンショーにとって、森林保護区とは、木材業者や鉱山業者、牧畜業者が安定的に利用できるように、森林を管理する場所である。彼にとっての「保全」とは、人間中心主義的な自然の「賢明な利用(wise use)」の別名に他ならない。

ミューアとピンショーの立場は、自然をどのように管理するかに関して決定的な対立を含んでいる。この対立はヘッチヘッチー論争でより鮮明になり、より闘争的になっていく[18]。ヘッチヘッチー

(Hetch Hetchy Valley) は、ヨセミテ渓谷の北三〇キロにあるツーオラムニ川 (Tuolumne River) によってできた渓谷である。この渓谷はヨセミテ国立公園に含まれていたが、人口が増加するサンフランシスコの水源としてダムを作るという計画が、一九〇一年にサンフランシスコ市長によって発表される。

ミューアを代表とするダム反対派は、ヨセミテ公園設置法が優れた景観を保存するように謳っていることを根拠にした。しかし一方で、一九〇一年には「公有地優先法 (Right of Way Act)」が議会を通過し、連邦の管理する公園内に運河やトンネル、水路を作る権限が内務長官に与えられた。この法によって国立公園内でもダム建設が可能になった。ダム建設派の中心人物はピンショーであった。

一九〇六年にサンフランシスコに地震と火災が襲い、ダムの必要性はさらに増した。一九〇八年に内務長官、ガーフィールドは、サンフランシスコの上水道、灌漑用水、発電の公益性からダム建設を容認した。自身がナチュラリストであり、一緒にキャンプをするほどにミューアを尊敬していたルーズベルト大統領は代替地を探させたが、不調に終わった。

ミューアは、一九一二年に、「破壊的な商業主義者の信者である、これらの神殿破壊者たちは、自然を完全に軽蔑しており、また、山々の神ではなく全能のドル紙幣を仰ぎ見ているように思われる」と『ヨセミテ』誌で力説して、ヘッチヘッチー渓谷の保護を訴えた。(19) 多くの有力紙もダム反対の社説を掲載したが、サンフランシスコの水不足を理由とした議会の賛成は覆らなかった。一九一

ヘッチヘッチー渓谷（1908, I. W. Taber）とオショネシー・ダム（Kenneth Brower, *National Geographic Park Profiles Yosemite*, 1990）

三年一二月一九日に、当時の大統領ウィルソンはダム建設の法案に署名した。こうして一三年も続いたヘッチヘッチー論争は決着し、ミューアたち自然保護派の敗北に終わった。

しかし時代を経ると、ピンショーのいた森林局からアルド・レオポルドが登場する。先に述べたように、レオポルドは、一九〇九年にアリゾナ地区アパッチ国有林の森林官助手となる。一九二四年から二八年にかけてはウィスコンシン州マディスンで森林産物研究所の副所長を務める。一九二四年、レオポルドは、森林局狩猟監督官時代に、ニューメキシコ州のギラ国有林の中に、森林を原生的なままに残す地域を作ることに成功した。三三年には、ウィスコンシン大学教授として迎えられる。そして一九三五年には、レオポルドと彼の思想を市民運動へと展開することに貢献したロバート・マーシャルによって「ウィルダネス協会」が設立されたのである。

筆者もヨセミテを訪れて、その森林の美しさと、切り立った崖の峻厳さ、流れる水の透明度に感激した。観光案内所のあるロッジから歩いて行ける距離にいろいろな名所が集まっている。ハイ・シエラの美しさは写真の通りで、景観の構図としてはミューアの見たものとそんなに変わらないのかもしれない。それぞれの樹木は太く背が高く、とりわけ樹齢が二千年から二千七百年あると言われるジャイアント・セコイアはすばらしい風格である。根元の幹の太さは、人間が十数人以上手を繋いでも足りない感じがした。

セコイアの保存に関して興味深いのは、山火事がジャイアント・セコイアにとってかえって必要とされるという話だ。山火事になると、セコイアの根元に蔓延る草たちは燃えるが、他方、太いセ

ヨセミテ公園内のジャイアント・セコイア

コイアは表面が焦げても生き残る。山火事は、根がそれほど深くないセコイアにとって、ライバルを一掃してくれるチャンスなのだそうだ。したがって、落雷などで生じた山火事は、あまりに規模が大きくならない限り、消火しないと現地のガイドは言っていた。私が訪問したときも、最近、山火事が起こったであろう跡が残っていた。かなり焼けていたが、きっとあれでよいのだろう。

しかしながら、ヨセミテの名所も観光化している。グランド・キャニオンほどではないが、休日でもあったので、道は自動車でふさがり、歩道は燥ぐ観光客でごった返している。物美優山の観光客の一人に他ならない筆者は、他人を批判する資格はないのだが、やはり観光化されすぎているという印象を拭い去ることはできなかった。私のような観光客の足では、自然の懐に深く入ったという感じはしない。おそらく、ヨセミテの本領は、私が訪れたような観光用の場所にはないのだろう。ゆっくり時間をかけて、いくつもあるハイキングコースをもっと深く進み、バックパッキングすべきなのだろう。その場合には、公園管理者に自然保護区への入域許可が必要であるし、クマ対策もする義務がある。

ジャイアントセコイアを見ると、日本の屋久島の杉のことを思い出さざるを得ない。屋久杉とは、屋久島の五〇〇メートル以上の標高に生え自生している、樹齢一千年を超えた杉のことを指す。もっとも大きくて樹齢も長い縄文杉や大王杉などが生えている場所は、標高一千三百メートルほどのところにあり、かなりの距離をトレッキングしないと到着できない。山に登りなれない人や体力のあまりない人、子どもには難しい。屋久杉の大きさは、たとえば、最大とされる縄文杉で高さ三五メートル、幹の周囲は一六メートルほどあり、樹齢は諸説あるが二千年とも三～四千年とも言われている。大きさとしては、ヨセミテのジャイアントセコイアの方がかなり大きい。縄文杉の二倍ほどの高さはあるだろう。

ヨセミテの林は、木々がある程度の間隔をもって生えているせいで、明るい木漏れ日も多く、いかにもアメリカ的なやや乾燥した印象を与える。それ対して屋久島の森は、大量の降水量を反映してきわめて湿潤で、苔がいたるところで成長し、さらに日光を求めて上へ上へと伸びた木々のせいで鬱蒼としている。神秘的な深さを湛えている。

しかし屋久杉の森を訪れることがそれほど簡単ではないとは言え、筆者が屋久島を訪問した時期はシーズンを外れていて観光客が少なかったが、ハイシーズンでは一日一千人もの人が訪れるという。細い山道を人の背中を見ながら進み、時間の関係から周囲の自然をゆっくり観察することができずに、ひたすら歩くばかりでは、世界自然遺産を訪れた意味はあまりない。

筆者の経験では、それらの有名な杉を見るよりも、人が少ない白谷雲水峡地区のトレッキングコースを歩いた方が楽しかった。屋久島は褶曲運動によって隆起した島で、平地が少なく、山々が高い。平地は亜熱帯的な気候である一方で、山の方では平均気温は札幌以下だという。そのせいで、いろいろな樹木や苔が、標高が高くなるにつけ、日本列島を南から北へ移動するかのように変化していくのは、とても面白い。いわば、沖縄から北海道までの植生が高さのなかに実現しているのだ。

ガイドしてくれた方の岩石や地層などについての説明も興味深いものだった。そのコースでは、何かの瞬間を狙って、じっと大きな一眼レフカメラのファインダーをのぞき続けていた人がいた。要するに、訪れる人が何を求めているかで、その自然の景観の雰囲気が左右されてしまうのかもしれない。

何を保護するのか——保存と保全、ディープ・エコロジーとシャロー・エコロジー

以上のような、自然保護派の必死の努力はヘッチヘッチーでは挫折したものの、自然をそのままに保存するという活動は多くの人の目に止まり、賛同者を得るようなった。この論争での「保存（preservation）」と「保全（conservation）」の違いは、そのままアルネ・ネスのいう「ディープ・エコロジー」と「シャロー・エコロジー」の違いに相当すると言えるだろう。ヘッチヘッチー論争の対立軸は、現在でも続いているのである。

ディープ・エコロジーの思想については、すでに日本でもかなり紹介が進んでいる。先に触れたように、ディープ・エコロジーとは、すべての生命存在は人間と同等の価値を持ち、全体としての自然環境はそれ自身の内に、人間にとっての利用価値からは独立した、固有の価値を有しているという主張である。つまり、自然はそれ自身が本質的価値あるいは内在的価値を有するという立場である。この立場からすれば、自然保護は、それが人間の利益になるからではなく、自然そのものの

価値のためになされるべきである。

ディープ・エコロジーの中核的な主張は、（1）自然の本質的・内在的な価値、（2）ウィルダネスの保存、（3）人間の人口の削減、（4）シンプルな（消費的でない）ライフスタイルにまとめることができるだろう。

（1）と（2）は、これから議論するとして、先に（3）（4）について説明しておくと、（3）についてネスはこう言っている。[20]

1. 人間の人生と文化の発展は、人間人口の実質的な減少と両立可能である。
2. 人間以外の生命の発展は、人間人口の減少を必要としている。
3. 人間の人生と文化の発展は、人間人口が現在よりも実質的に減少することを必要としている。

筆者はこの主張を明確に判断するための十分な知識を持たないが、どこの国よりも高齢化のスピードが速い日本は、この三つの人口減少の方針を実現できるかの試金石となるのではないだろうか。（4）のシンプルなライフスタイルについても、賛成も反対もあるだろうが、ひとつの立場として、ネスの考えを取り上げてみよう。この考えは、一九八三年にカナダのヨーク大学環境学部が主催したシンポジウムで発表した「ディープ・エコロジーとライフスタイル」という講演が元になっている。[21]

ディープ・エコロジー運動における最近のライフスタイル[22]

1. 単純な方法を使え。
2. 本質的な価値があるものか、それに直接役立つ活動を行え。
3. 反消費主義を実践せよ。
4. 誰もがもてる製品を喜んで使い、それに感謝せよ。
5. 新しい物への愛好はやめよ。
6. 多忙になるのを避け、本質的に価値のあることをなせ。
7. 民族的・文化的差異に価値を認めよ。
8. 発展途上国の現状に関心を持ち、必要のない高い水準の生活を捨てよ。
9. どこでも実践できるレベルのライフスタイルを評価せよ。
10. 経験においては、その強さよりも、深さと豊かさを求めよ。
11. できれば意義のある職業を評価し、選択せよ。
12. 複雑な人生を歩め。それぞれのときに、良い経験のできるだけ多くの側面を実現せよ。
13. 企業社会ではなく、地縁血縁社会で人生を磨け。
14. 小規模な第一次産業を評価し、従事せよ。

15．生命に必要なものだけを満たせ。
16．旅行するのではなく、自然の中で生活せよ。
17．自然が傷つきやすい場合には、なるべく影響を与えないようにせよ。
18．あらゆる生命を愛でよ。
19．どんな生命でも、手段としてのみ用いるな。
20．家畜やペットではなく、野生動物の利益の方を優先させよ。
21．地域の生態系を保存せよ。
22．自然への過剰な介入を厳しい言葉で批判せよ。
23．コンフリクトに臆せず立ち向かえ。ただし、暴力や暴力的言葉を使わず。
24．他に方法がなかったら、非暴力的な形で直接行使に出よ。
25．菜食主義を実行せよ。

こうしたライフスタイルは、ネスが提案したものでもあるが、ソローやミューアが唱えたものだといっても何の不思議もないだろう。

さて、対立するシャロー・エコロジーは、自然環境保護は、人間の利益のためになされるべきだという立場である。この対立は、環境をどのように捉えるかについての根本に関わっており、現在においても論争は続行中である。環境倫理や環境哲学の専門家のあいだでは、自然の本質的価値を認める立場が優勢と言えるかもしれない。

しかし、現代においてシャロー・エコロジーを唱える人の立場は多様であり、その中の多くの人は、ピンショーよりもはるかに環境破壊に関する危機意識が強く、環境の循環性について多くの知識を持っている。ピンショーの立場は、自然を農産物のように利用することを念頭に置いているように思われる。あらゆる自然を農産物か家畜であるかのように扱う思想は、人間も同じく農産物が家畜であるかのように扱うはずである。他方で、現代のエコロジストは、「シャロー」という人間中心の立場をとりながらも、自然の開発にかけては、実質的にディープ・エコロジーを唱える人たちと同じほどに慎重である。

環境倫理学者のノートンが提唱する「弱い人間中心主義」と呼ばれる立場は、シャロー・エコロジーの一種と分類することは可能であるが、批判的検討を経たより高次の観点に基づいて、人類の長期的な生存こそを環境保護の根拠に据えている。この点において、経済と開発に第一の価値を置き、短期的で限られた数の人間の利益しか考慮に入れていないピンショーたちの考え方からはまったく遠い。ノートンによれば、むしろ、弱い人間中心主義は、環境保護政策において、実質的にディープ・エコロジー派と収斂するのではないかという[23]。

シャロー・エコロジーでは、自然は人間にとって道具的価値しかもたないとされているというが、「道具的 instrumental」価値とは多様な概念である。人間が自然と何らかのかたちで接触すれば、そこには「道具的価値」と呼ばれるものが生じるといってよいだろう。

第一にもちろん、自然の事物は、生産物や製品、商品にすることができるので経済の道具であるだろう。第二に、自然は、レクリエーションとしての価値を持つ。観光的価値やスポーツやアクティビティのための価値を自然は有している。第三に、自然を科学的に研究すれば、そこから人間にとって重要な知識や情報を得ることができる。たとえば、森林の菌類を研究することで、人間のための薬品を開発するための重要な情報が得られる。第四に、自然に接することは、精神的価値やスピリチュアルな価値を与えてくれる。これまで紹介してきたエマーソン、ソローなど環境哲学はすべて自然に精神的価値を見出しているし、アメリカ・インディアンの宇宙観も自然に精神性を認めている。

以前に触れた、リオ・デ・ジャネイロで一九九二年に開催された国連環境開発会議（地球サミット）で調印された「生物多様性条約」は、①生物多様性の保全、②その構成要素の持続可能な利用、③遺伝資源の利用から生じる利益の公正かつ衡平な配分を謳っている。この②と③には、先進国と発展途上国の対立、いわゆる南北問題が如実に反映されている。森林資源を持つ開発途上国からすれば、先進国は森林の生物調査から得られる遺伝子情報をもとに医薬品などを開発し、それを自分たちに高額で売りつけているという意識があるだろう。たしかに、生物多様性の減少を生み出している原因は、北による開発と産業化、南の貧困と人口増加だと言える。[24] したがって、第三の知的・情報的な利用も、純粋に学術的なものとは言えず、一番目の利用に密接に結びついている。

しかし、上であげた四つの価値がすべて自然を道具として利用していると言われると、どこか納得できない。経済的価値はともかく、レクリエーションにしても、ただ単に自然の中で何かをやればよいということではないはずだ。余暇の活動であっても、登山やトレッキング、バードウォッチング、自然観察などは、第四の精神的ないしスピリチュアルな価値が含まれているだろうし、少なくても審美的な価値を自然に認めているはずである。

第三の知識・情報的な価値にせよ、それが産業に直接に結びついておらず自然を知的に理解したいといった場合には、自然を「利用」するという表現はそぐわないだろう。たとえば、ダーウィンのような知的好奇心に根ざした研究は、自然を利用するものとは呼べないだろう。自然の美的鑑賞や、精神的な交流を求めた活動、自然を知ろうとする知的好奇心は、単純にダムを造り電力を得るとか、樹木を切り家屋の材料に使うといった活動とは本質的に異なるはずである。

自然の審美的価値や知的価値、精神的価値は、たしかに人間との関係で与えられる価値かもしれない。その意味で、人間の観点に関係した価値である。それを「人間相対的」価値と呼んでも構わないが、「道具的」ないし「手段的」価値と呼ぶことは適切ではないように思われる。「人間の観点から」ということと、「道具的・手段的」とは区別されなければならない。むしろ、審美的価値や精神的価値を認める態度には、自然が自分とは独立した価値を持っているという、自然の本質的・内在的な価値の承認が含まれているのではないだろうか。

ディープ・エコロジーの第一の原理は、自然に本質的・内在的価値を認めることにある。しかし、なぜ、自然に本質的価値があると主張できるのだろうか。本質的価値あるいは内在的価値とは、価

価値	人間中心主義	生命中心主義	生態系中心主義
本質的価値	人間	個々の有機体	種、生態系、生命圏
自然の価値	道具的	個体に本質的	全体に本質的
人間の地位	主人・支配者	平等の一員	共同体の一員

値が関係的ではないこと、すなわち、すでに価値があると認められている何か（たとえば、人間存在）との関係によって価値が与えられるのではないということである。この場合では、人間との関係で自然に価値が与えられるのではないということである。ネスは次のように述べている。

すべての生命形態は、人間にとっての有用性とは独立にそれ自身で価値をもつ。動物は人間に劣らず、生存する権利をもつ。生命の多様性は、人間にとっての有用性とは独立に善きものである。地球上の生命は、たとえ人間がそれに価値を見出さなくても、価値あるものである。(25)

ただし、現在、自然の本質的価値を主張する立場には、何を「自然」とみなすかによって二種類あるように思われる。ひとつは生命中心主義で、個々の生命に焦点を当てようとする。もうひとつは生態系中心主義で、個体よりも生態系全体に焦点を当てる。すると、価値については上記のような表が作れるであろう。

生命中心主義は、人間を含めた生命個体に価値が本質的に備わっていると考える。自動車や洗濯機のような機械は、自律的に活動し得ず、目的や関心を自分で設定できない。それに対して、生命は自己組織的であり、自分で目的や関心を設定する。もうひとつの生態系中心主義は、生命は孤立しては存在し得ず、生態系のなかに組み込まれていなければ生存できないことを強調する。したがって、本質的価値を持つのは生態系である。

しかし、生態系としての自然は、これまで見てきたようにダイナミックである。自然の地形そのものが、水、風、マグマなどの力によって変化する。火山の噴火が、森林を焼き尽くすこともある。台風が海岸線の林を根こそぎなぎ倒し、河口を侵食する。川が自然に蛇行し、大雨で氾濫する。自然発火で森林が焼け、干ばつで湖や沼が干上がる。そこにおける生態系は、固定的で不変のメンバーから成る不変した共同体ではありえない。

先に述べたように、生態系の食物網はダイナミックであり、その相関関係のなかで、ときに種は自然に淘汰され絶滅する。生態系とは、ただある場所における空間的な秩序にすぎないのではなく、時間的な変化を伴った出来事の連続体であり、変化に満ちた過程である。キャリコットによれば、自然とは「流れ flux」なのである[26]。

自然を保護するべきだと言うときの「自然」とは、絵画に描かれるような静態的な「風景」ではないはずである。そうした風景の持つ価値とは人間にとっての美的価値である。固定的なかたちである特定の美的景観を維持しようとするのは、人間中心主義的な価値である。したがって、「自然の流れ」の保護と、ディープ・エコロジーにおける「ウィルダネスの保存」は矛盾しないまでも、一種の齟齬を含んでいることがある。

本章の冒頭では、流動的な自然の象徴として、水や風、海洋を取り上げた。しかし本当は、山も動いているのだ。登山家であり、『山と渓谷』の副編集長だった勝峰富雄は、風絵画家、門坂流の山岳の絵を評しながら次のように書いている。

つねに転変をくり返す「海」に対して、動かざるものの象徴として、「山」が引き合いに出されることもある。はたしてほんとうに山は動かないのか。〔……〕一登山者としてこう思う。山は動いている、と。それは、地殻変動や火山の噴火など大規模なものだけではない。遠目には同じように見えても、風に吹かれて砂塵は舞い、山腹を覆う植物たちは陽光を浴びて繁茂し、渓流はその谷の深さを日々深く削り、刻一刻と変化しつづけている。そういった微細な物理的変貌、小さな生命たちの死滅と再生が瞬時も止まることのない現場が、「山」なのである。[27]

山は、活動し続ける地球の小さな突起物であり、同時に生命を宿すダイナミックな生態系である。生態系とは、土、水、空気、菌、植物、動物という回路をめぐるエネルギーの循環である。自然は変化し、生物は進化し続ける。そうした変化する自然を保護するということは、固定的な景観を維持するということではなく、通常の時間と空間のスケールにおける生態系の変化を人間の手で過剰に掻き乱さないということなのだ。

レオポルドが指摘していたように、自然の変化や生命の適応と進化は、緩慢で局部的であるのが、通常のあり方である。人間は、とくにそのテクノロジーの使用によって、あまりに大きな威力によって、あまりに早すぎる速度で、あまりに広すぎる範囲において、自然に回復困難な変化をもたらしてしまう。[28] キャリコットのいう「自然の流れ（flux of nature）」が健康な形で維持されているならば、その生態系では生物多様性が豊かになる。自然の流れを健康に維持するとは、自然の共同体の成員をより多様にしていくことに等しい。逆に、人間の自然への過剰な介入は、しばしば生物多様性を破壊するものとなる。

テキサスでのシェールガス・フラッキング反対運動

あらゆる生命は、自己を維持するための生態系を必要とする。生態系とは循環の過程である。しかし、この循環は同じものの回帰ではなく、多様性が生成されていく過程である。その多様性は、水や風の流れがさまざまな渦巻きを作り出しては、消えていく過程に喩えることができる。

私たちの生存は、物質とエネルギーの循環する生態系の中でこそ、はじめて維持されうる。このことを理解したときには、私たちが自覚すべきなのは、私たちは、固定的なアイデンティティを持った剛体のような存在ではなく、水や風のような流体が一時的に一定の運動を反復することで成り立っている渦巻きのような存在だということである。私たちの存在は、流体運動の反復である。私たちは自分の存在を理解するために、流体と循環の哲学を必要としているのである。

実際に、水や空気の循環は、私たちの生存にとって一瞬たりとも絶えてはならない循環である。空気や水分は、私たちの身体をつねに出入りしている。その循環を停止すれば、生命もすぐさま止まってしまう。このことは、古代人でも子どもでも知っている。だから、水と空気の循環は、生命の象徴であるし、私たちは、水や空気の汚染を直ちに自分の生命を脅かす問題として捉えるのである。

筆者が、環境哲学を研究するために滞在したノース・テキサス大学は、デントン（Denton）という町にある。テキサス州の州都であるダラスの二五マイルほどの真北にある小さな大学街である。筆者が滞在しているあいだ、その住民の最も大きな関心は、「フラッキング（fracking）」の是非をめぐる住民投票にあった。

ここでの「フラッキング」とは、正確には「ハイドロリック・フラクチャリング（hydraulic fracturing）」のことで、日本語では「水圧破砕法」と訳される。油田やガス田の坑井周辺に液体を高圧で圧入し、地層に割れ目（フラクチャー）を入れて浸透性を高め、産出能力を高める技術である。ここテキサス州では、主にシェールガスを採取するための方法として用いられている。

シェールガスとは、頁岩《けつがん》（シェール、shale）層から採取される天然ガスである。従来の天然ガスは砂岩層に貯留されている。シェールガスは、従来のガス田とは異なる場所から採掘される。頁岩は泥岩の一種で、硬く薄片状に破砕し、粒子が細かく水分を容易に通さない。そのために、フラクチャリングのように浸透性を高める採掘方法が必要となる。

オバマ大統領は、二〇〇九年の就任時、「グリーン・ニューディール政策」と呼ばれる政策を掲げ、当初は、太陽光や風力などの再生可能エネルギーの利用促進や関連技術への投資を訴えた。だがその後、再生可能エネルギーに加えて、原子力や天然ガスをも「クリーンエネルギー」と定義するようになり、これらの分野への投資の拡大や利用促進を図る政策を推進してきた。第二期オバマ政権のエネルギー政策は、「グリーン」であるよりは、原油価格の高騰と温室効果ガス排出の観点から、「全方位的エネルギー戦略（all-of-the-above energy strategy）」へと舵を切った。エネルギー自給率を高め、海外から輸入する石油の依存を軽減していく政策を推進したのである。その一つの方策が、温室効果ガス排出が低いとされるシェールガスの開発である。この開発は「シェール革命」とまで呼ばれ、これによってアメリカは、原油生産量を一日九〇〇万バレル超にまで増やした。

しかし、フラッキングによる天然ガス開発は環境に悪影響を与える。

第一に、水圧破砕において高圧で地中に送り込まれる化学物質（潤滑剤、ポリマー、放射性物質など）を含んだ水が、廃水として地下に残留するか、廃水用の井戸を通じて地下水を汚染する。アメリカでは飲料水を井戸水に依存している地域も多く、掘削の過程で天然ガス（メタンガス）が漏洩し、地下水に紛れ込む可能性もある。

第二に、採掘現場近辺では、回収しきれない天然ガスが漏洩し、空気汚染をもたらす。メタンガスなので爆発の危険性もある。

第三に、フラッキングでは大量の水を使用するために水資源の枯渇が心配される。

第四に、掘削により地層が動きやすくなり、小地震が頻発するとも報告されている。従来型の天然ガス田に比べると、シェールガスはひとつの井戸から生産されるガスの量が少ないために、より多くの井戸を掘ることになる。

テキサス州は、シェールガスの井戸が多く、大学があるデントン市にも坑井が約三〇〇個もある。しかし、その中には居住区に隣接しているものもあり、井戸に挟まれている居住区すら存在する。デントンの住人たちは、とくに乳幼児や胎児への影響を強く懸念していた。

そこで、デントンでは、二〇一四年一一月に、フラッキングの是非を問う住民投票が行われることになった。投票日前では、大学近くの民家でも「フラックングに法規制を！ Ban Fracking!」と書かれたプラカードがいたるところに見受けられた。筆者の住んでいたアパートの近隣住人は、ほとんど全てと言ってよいほど、「フラクチャリング反対」と書された美しい看板を庭先に出していた。ノース・テキサス大学の学生たちの多くが法規制に賛成する運動に加わり、筆者のいた環境学部はその話で持ちきりだった。環境学部では、この時期に適ったテーマはいくつかの講義で取り上げ、ハイドロリック・フラクチャリングとは何であるか、その問題点と、係争中のアメリカの事例を取り上げて説明した。

とくに、環境哲学者のイレーネ・クレイバー（Irene J. Klaver）教授の二〇一四年秋学期の講義は、「水の哲学」と名付けられ、水の利用、水源枯渇、川と海の水質汚染、ダム問題など水を巡る環境問題について論じていた。フラッキングの問題がたまたま政治問題として浮上し、彼女は、フラッキングの方法と問題点を詳しく説明した。本章の「水の哲学」というタイトルは、彼女の講義に刺激を受け、水というテーマを環境問題としてだけではなく、さらに広い哲学的・形而上学的な文脈に置いて考えてみようとしたものである。

もちろん、クレイバー教授も含め、教員たちはフラックングの住民投票について、どちらに投票をせよとは決して言わなかった。しかし、このように身近な問題から、はじめて関連する科学技術的知識や社会構造を知らせることこそが、優れた政治教育であり、シチズンシップ教育であり、環境教育であろう。

住民投票の結果は、圧倒的多数でフラッキング禁止が支持された。その日を境に、デントンの井戸の掘削は直ちに停止した。

しかし、二〇一四年一二月には原油価格が大幅に下がり、比較的採掘にコストがかかるシェールガスを採掘する企業は採算割れを起こした。新聞では、中東の幾つかの国の指導者が、シェールガスの登場によって自分たちの国土から出る石油が売れなくなることを憂慮して、原油価格を過激に下げることによってシェールガス潰しに出たのだと解説されたりした。

その真偽はともかく、二〇一五年五月に、テキサス州はフラッキングの法規制を事実上、禁止する法案を可決した。シェールガス坑井の所有者は、BBCのインタビューに対して、デントンの住人は、水質や空気が汚染されているというデマ情報に惑わされたのだなどと語っている。[29] テキサス州という全米で最も保守的とされる州のなかでは、リベラルな小さな大学街の住民投票の結果は、州全体としては、すぐさま支持されなかったのかもしれない。しかしフラッキングへの抵抗感は、州のフラッキングを許可する法案が通過した程度では収まったりしないだろう。おそらく今度は、フラッキング反対派が、勢力を巻き返す番のはずだ。

デントンでのシェールガス採掘反対と二〇一一年三月の福島の原子力発電所事故は、原子力や天然ガスを「クリーンエネルギー」と呼び、それらに大きく投資して雇用を増大させようとするオバマのエネルギー政策の問題点を明らかにした。筆者はアメリカ市民ではなく、デントンでの投票権を持たない。住民運動の行方と投票の結果をただ見守っていただけだった。しかしデントンと日本を結ぶ奇妙な「循環」は、筆者にある未来を予感させた。この水をめぐる新しい環境問題も、ヘッチヘッチー論争のように環境保護の次なるステップへの目覚めとなるのかもしれない。ヨセミテの精神がはるかテキサスで受け継がれることを期待したい。

第五章　コルシカ島の風土学

事実ひっそりと目立たず無視されているもののほうが、実はスター種であることがたびたびある。

——ウィルソン『生命多様性』(下)、一二一頁。

コルシカ島でのシンポジウム

二〇一五年三月下旬に、筆者はコルシカ島をはじめて訪れた。人文地理学者であり東洋学・日本学者でもあるオーギュスタン・ベルク（Augustin Berque）氏が主催する二日間にわたる「風土学（mésologie）」のシンポジウムに出席するためである。ベルク氏は、一九六九年以来に来日して以来、東北大学客員研究員、北海道大学講師、宮城大学を務め、日仏会館フランス学長でもあった日本学者である。和辻哲郎の風土論を独自の形で発展させ、「風土学」という分野を打ち立てた。パリの社会科学高等研究院を退職後の現在も、風土学の発展を目指してますます活躍している。

ご存知のように、コルシカは、イタリア半島の西に位置する地中海に浮くフランス領の島であり、ナポレオン一世の出身地である。アジャクシオという島の南西部の海岸に面した町の空港に降り、町の中央にある駅まで行き、島唯一の大学、コルシカ大学のあるコルテという町まで鉄道に乗る。

これが山岳鉄道というべきもので、箱根をさらに険しくしたような山と谷を抜って進む。高所恐怖症気味の筆者には目が眩むような高さの単線の線路の上を、洒落た色とモダンな形をしたディーゼル車が走っていく。島の山脈は、二億五千万年前に褶曲運動によって隆起したものである。褶曲運動でできた山脈は高い。コルシカでも二千五百メートル級の山脈が西北から南東に走っていて、この高峰によって島は地理的にも文化的にも二つに分かれているという。

この点で、コルシカは日本の屋久島に似ているかもしれない。屋久島も褶曲運動でできた二千メートル近い山々を抱いている。海に囲まれて、この急勾配の山々が幾重にも聳えているコルシカ島は、屋久島ほどではないにせよ、山間部は湿潤で多雨である。鉄道に隣には、日光のイロハ坂を思い出させる曲がりくねった道路が並行して走っている。途中、放し飼いの牛や豚がたくさん見られた。山の頂上には雪が覆っている。

フランスは、アルプスを除くと、平坦な耕作された土地が延々と続く風景が多い。だが、ここはそれとはまったく異質な自然環境である。コルシカは、自然環境だけではなく、文化的にも歴史的にも、フランスの本土とは大きな隔たりがある。中世までピサやジェノヴァの植民地であって、そこから一八世紀に独立戦争を起こした。ジェノヴァから統治権を譲られたフランス政府に対しても独立戦争を戦ったコルシカは、現在でも中央政府からの自治権や民族自決権が政治的なテーマとな

コルシカ島の山と渓谷

っている。

いま、箱根とか屋久島といった日本の地名を出したが、コルテに到着するとやはり日本の山間部の町に来たかのような印象を受けた。シンポジウムには、日本に長く住んだことのあるフランス人も数多くおり、そのうちの何人かは日本語がとても堪能だった。彼らも、コルシカは日本の渓谷によく似ているとの印象をもったと話してくれた。コルシカ島は全体の四割ほどが地域自然公園に指定されており、間違いなく、フランスでももっとも自然の景観が美しい場所のひとつだろう。

コルテの町は山や丘に囲まれた場所で、建物の多くは斜面に建てられている。エストニカという綺麗な川が真ん中を流れている。一部の建物はずいぶん急な丘の斜面に寄り添いあってへばりつくように建てられている。建物の可愛らしい暖色系の色彩と深い緑のコントラストが美しい。大学は町の中心にある現代的な建築物で、町のどこからでも行きやすい。

二日間のシンポジウムは、参加者が五〇～七〇名ほど、発表者のほとんどはフランスとイタリアからの地理学者で、自然科学系の生態学者が少数混じっているという感じであった。発表のテーマは、「場所、風景、環境」「新しい領域性」「世界、グローバル化、アイデンティティ」「生命複雑系における進化と共進化」「訴訟と補償」といったものであったが、個人的にはやはりベルク氏のオーガナイズした二つのセッション「風土学と宇宙性」がもっとも興味深かった。和辻の「風土」の概念を展開して、自然環境と人間文化とのよき美しき共存を訴える内容で、とくにその地域の文化の持つ宇宙観や自然観を掘り起こそうとするものだった。

コルテの町

しかし自然公園の中であるにもかかわらず、ホテルにも大学にも、自然の生物や植物などを探究する施設があまり見当たらない。屋久島の方がはるかに自然公園であることを強く意識させられる。雑談の中でベルク氏が言っていたが、フランスには自然を鑑賞したり、そこに精神的なものを見つけたりする視点が伝統的に薄いのかもしれない。ピンショーが学んだのもフランスの農業的な自然管理であったことを思い出した。自然は生産のために管理すべきだというシャロー・エコロジーの考え方だ。自然と人間の新しい関係を欧州に訴えるには、コルシカのような豊かな自然が存続している場所こそが、出発点として適切なのかもしれない。

環境哲学における東洋思想の影響

ノース・テキサス大学のハーグローブが言うように、歴史的に見れば、環境を保護しようとする思想や運動は、自然環境に対する美的経験から始まった。西洋における自然の美を認める態度は、東洋の自然美鑑賞の伝統に触発されながら、近代以降に徐々に認められ学ばれるようになったのである。現在の西洋世界ではほとんどの人が自然は美しいと思っている。だが、これは近代以降の態度であり、中世においては人々の感性は異なっていた(1)。中世には自然に美を認めない人もたくさんいた。せいぜい神の御技として見れば美しいと考える人や、自然は美しいが、自然を崇拝することは神への信仰と矛盾すると考える人の方が多かった。

先に触れた、ルネサンス期の詩人であり人文学者であるペトラルカは、一三三六年四月に、弟とともにアヴィニヨン北東のモン・ヴァントゥー（標高一九一二メートル）に登山した。彼は、『イタリア・ルネサンスの文化』でこの体験を語り、自然を直接経験して、その神聖な意味と特別な美しさについて語ったはじめての「近代人」とされている。しかしペトラルカが崇拝していた教父哲学者の聖アウグスチヌスは、自然について別の見解を抱いていた。アウグスチヌスは、大自然などの外界を眺望することによって神の偉大さを感じることを戒め、自分の内面の魂にもっと注意を向けるように教えていた。このことを思い出したペトラルカは、登山を、魂を形而上へ世界へと向上させることだと考えたり、自然を観じることは至福の生へと向かう魂の運動だと捉えたりすることに躊躇を覚えてしまう。そして残念なことに、自然美の発見の一歩手間で、自分の内面の信仰へと引き返してしまったのである。[2]

中世まではアルプスに代表される高山は恐ろしい危険なばかりの場所であった。だが、一八世紀になると山々は崇高という評価の対象となり、ヨーロッパ人の自然に対する認識は転換していった。[3] 先ほど見たように、バークやカントのような思想家でも、大自然を崇高とみなすことがあっても、「美しい」ものとは見なかった。だがそれでも、彼らは、崇高さの概念によって、自然の美を讃えるロマン派の詩人や思想家の手前まで到達したのである。

西洋における自然への関心は、博物学や生物学、進化論など、生命科学の興隆がきっかけとなって高まった。それらの分野でなされる野外観察は、自然界で働いている理法の精妙さを学者たちに発見させ、自然の調和に対する驚嘆の念をもたらした。自然の仕組みへの賛美から自然の美しさの発見まではほんの一歩の距離である。博物学者や生物学者の自然描写は、ロマン派の文学的な自然賛歌やエマーソンやソローの野生への憧れへと繋がっていく(4)。一七世紀の詩人にとって山は、大地の醜い瘤や疣にすぎなかった。しかしそこから二〇〇年もたたないうちに、山は、宗教的畏怖の念が入り混じった芸術的な歓喜の対象となったのである。

一八世紀ヨーロッパにおけるロマン主義は、自然への回帰を謳ったフランスのジャン＝ジャック・ルソーの思想にはじまるとされる。イギリスでは、故郷である北西イングランドの湖水地方の豊かな自然を賛美したワーズワース（William Wordsworth 一七七〇〜一八五〇）やコールリッジ（Samuel Taylor Coleridge 一七七二〜一八三四）のような詩人が登場し、ドイツでは、ゲーテ（Johann Wolfgang von Goethe 一七四九〜一八三二）やシラー（Johann Christoph Friedrich von Schiller 一七五九〜一八〇五）のような文学者が現れ、彼らが自然の美についての観念を西洋世界に普及させることになる。

絵画の分野では、一五世紀には、宗教的な主題の中で人物の背景として風景画が描かれるようになった。一七世紀のオランダでは、ヤーコプ・ファン・ロイスダール（Jacob Izaaksz van Ruisdael 一六二八頃〜一六八二）とその後継者のメインデルト・ホッベマ（Meindert Hobbema 一六三八〜一七〇九）が風景画を確立させる。その後、一八三〇年から七〇年代にかけて、フランスのバルビゾン派が、それまでの歴史や宗教的なテーマから離れて、農村や田園、森林などの自然の風景そのものを画題に求める自然主義の絵画を描くようになった。

バルビゾン派の発展とほぼ時期を同じくして、一九世紀中頃に、アメリカでは、ハドソン・リバー派と呼ばれるロマン派の影響を受けた風景画家のグループが誕生する。その創始者とされるトマス・コール（Thomas Cole 一八〇一～一八四八）と彼の親友、アッシャー・デュラン（Asher Brown Durand 一七九六～一八八六）は、写実的な筆致で、ハドソン渓谷やニューヨーク州の山地・山脈を描いた。ハドソン・リバー派は、アメリカでの自然の発見、探検、移住をテーマにして、人間と自然が共存する牧歌的な世界を描いている。先に述べたように、ナイアガラの滝はこの時代の風景画にとって格好の対象だった。アメリカのアーヴァン・フィッシャー（Alvan Fisher 一七九二～一八六三）は、フランスの風景画家、クロード・ロレン（Claude Lorrain 一六〇〇～一六八二）に似た筆致で、アメリカの風景を描いた。彼の「ナイアガラの全景」はよく知られた代表的なナイアガラの風景画である。

他方、遥か東の中国に目を移すと、山岳信仰という文化的背景もあり、四世紀から七世紀の間にはすでに風景を描いた絵画や壁画を鑑賞する習慣が確立していた[5]。五代から北宋時代の一〇世紀から一一世紀にかけて山水画が発展し、荊浩、李成、郭熙などの優れた画家が輩出した。西洋の絵画の伝統と比較すると、中国をはじめとした東洋では、かなり早いうちから風景を美的鑑賞の対象とするようになった。ヨーロッパ人が山岳などのウィルダネスに美を見いだすようになったのは一八世紀であり、中国人は同じことを遠く以前の四世紀から行っていた(6)。

しかしながら、この美的伝統は、現在の東アジアに残っているだろうか。この地域の人々が裕福になったので、絵筆を携えて世界のさまざまな自然の景観を訪れてはスケッチし、あるいは、森林や深山のなかで宇宙を讃える優雅な詩歌をひねり出しては、穏やかに談笑している姿を見かけるだろうか。残念ながら、私はそのような趣味を示す東アジア人は見たことがない。そういう美的趣味を示しているのは、他の人々である。むしろ、この東アジア地域は、世界の中で環境汚染がもっとも激しく進行している場所のひとつではないだろうか。文化は、それを継承発展させなければ、著しく後退してしまうのかもしれない。

話を環境思想に戻すと、アメリカの超越主義者のエマーソンやソローにおける東洋思想の影響ははっきりしている。ユニテリアン牧師のリプリーが主催していた「超越クラブ」の機関誌『ダイアル』では、エマーソンが編集のもと、インド、中国、ペルシャの思想の中で、エマーソンやソローの考えに相通じるものが選ばれて紹介され、翻訳された(7)。多のうちに一をみる東洋思想が彼らを捉えたのである。ソローはヨガの実践にも関心を示していた。

西洋の伝統的な自然観では、自然界は部屋に配置された家具のようなものであり、自然の景観の中に、動物や植物が配列されていると考えられている。そこにも秩序はあるが、ただの配置の関係性のことであり、個々の品は固定的な特性を備え、他の品とは独立していて、その本質は周りに影響されない(8)。東洋の伝統思想はこれとは異なる全体論的な自然観を示している。すなわち、関係こそがその個々の存在の本質を規定するという考えにもとづいた自然観であり、宇宙観である。エマーソンやソローはこれに影響を受けた。

ミューアの『はじめてのシエラの夏』は、ヨセミテをはじめて訪れたときの山旅の記録であるが、翻訳者の岡島成行も指摘するように、この日記もまた、自然に対する非常に東洋的と呼びたくなる感性に満ちている。[9] たとえば、無機物に生命を認めるようなアニミズム的感覚や、先に引用した世界全体を「気」の流れであるかのように捉える自然観が随所にみられるのである。エマーソンやソローからの影響から間接的に東洋思想に接近したのかもしれない。

現代を見ると、ネスの哲学もまた東洋思想、とくに仏教とマハトマ・ガンジーの思想から強く影響を受けている。ガンジーについての著作を三冊も出版している。ネスはスピノザの汎神論にも言及することが多いが、スピノザの汎神論は、神とは世界を超えた超越神ではなく、自然全体こそが神であり、あらゆる存在はその神としての自然の一部であるという立場である。汎神論は、全体論的な発想において東洋の自然観と共通性があるといえよう。ネスは、ディープ・エコロジーが自己実現の思想であり、この自己というのが狭い近代の個人ではなく、アートマンとしての自然の隅々まで拡大した自己であることを主張している。[10]

興味深いことに、ネスもまた海との邂逅から自然へのまなざしを学んだという。彼は、ほぼ四歳のときから思春期まで海岸の浅瀬に何時間も何日も佇み、海の生命の圧倒的な多様性と豊かさに驚嘆したのである。人間関係がうまくいかなかったこの少年は、海を接して自然とひとつとなる感覚を抱いたのであった。[11]

和辻哲郎の風土論

私たちはこれまで、現代の環境哲学が生物文化多様性に大きな価値をおいていることを見てきた。近代科学は、分析的な研究方法によって自然を普遍的で画一的な過程として捉えた。そこで失われたのは、それぞれの生態系が有している場所性である。場所性と空間性とは異なる。空間とは、特性を持たない三次元の空虚な入れ物である。それに対して、場所とは、そこにおいてさまざまな事物が相互作用し、その歴史が積み重なった取り替えの効かない個性を有した空間的地位のことである。生態系はひとつひとつがユニークな場所性を示しており、人間の生活も生態系の一部として成立している。人間の文化と社会は、ある地域の自然と絡み合いながら歴史的に発展してきており、固有の場所性をもっている。

場所性という概念を聞いて思い出される日本語の概念は、「風土」であろう。和辻哲郎（一八八九～一九六〇）は、風土の概念に当時の最新の哲学であった現象学の視点を導入して、ひとつの学問にまで高めようとした。ベルク氏はこの努力に目をつけた。人文地理学は、近代科学のニュートン的な空間ではなく、場所性を持った風土を研究の対象となしなければならない。

一九三五（昭和一〇）年に書かれた和辻の『風土——人間学的考察』[12]は、自ら「序言」で述べているように、一年半のヨーロッパ留学期間中の経験から生まれた著作である。一九二七年、当時三八歳で、京都大学の助教授であった和辻は文部省在外研究員としてドイツ留学を命じられる。二月七日に神戸を出港した和辻は、上海、香港、シンガポール、コロンボ、アラビア半島南端のアデン、アラビア海とスエズを通過し、四〇日間に及ぶ船旅を終えてマルセイユに到着した。ドイツに留学し、ベルリンで当時、新進気鋭の哲学者だったハイデガーの著作、『存在と時間（Sein und Zeit）』（一九二七年）を読む。ヨーロッパ滞在中、ドイツ以外に、フランス、イタリア、イギリスの各地を旅行した。

翌年の一九二八年七月には帰国するという短い洋行であったが、ヨーロッパを歩き回って感じ取った体験とハイデガーの批判的読解とが『風土』を生むことになる。ハイデガーの『時間と存在』は人間存在の時間性に重きを置きすぎ、その空間性、場所性に十分な関心を払っていない。これが和辻のハイデガー批判の焦点である。『風土』の内容は京大の講義で論じられ、徐々に「思想」という雑誌に発表され、一九三五年に著作として刊行される。

『風土』は、ヘルダー流の文化的多元論を着想の基礎にしている。すなわち、世界の中の各文化は、それぞれ独特の個性と平等な価値を持ち、ある特定の文化だけが普遍性を持つわけではないという考えである。文化多元論の立場は、『面とペルソナ』に収められた文化論「アフリカ文化」に端的に現われている。[13]アフリカを野蛮の地とするのはヨーロッパ人による偏見であるとされ、その固有の文化、とくに彫刻や織物を中心とした芸術に高い敬意が表されている。

「風土」とは、まず、「ある土地の気候、気象、地質、地味、地形、景観などの総称(14)」と定義される。しかし、和辻がそれを単に「自然」としてではなく「風土」として捉え直すのは、人間は外的な自然環境に対して志向性という心の働きによって関係するからである。志向性は、対象を意味づける意識の働きである。たとえば、私たちが「今日は寒い」というときには、その「寒さ」とは、「零下何度」といった客観的な性質ではなく、その大気が「私にとって寒い」ということである。「零下何度」には、私にとって寒いとか暑いとかいった意味が与えられていない。風土としての自然とは、人間の志向性によって意味づけられた自然のことである。

ここで和辻が用いる「志向性」という言葉は、エトムント・フッサールが創始した現象学の用語である。フッサールによれば、私たちの自我は、感覚データとした与えられたさまざまな現れを、「あるもの」として解釈し、意味づける。私たちは、眼の前に現れた現象を、つねに「何か」として捉える。

同じ摂氏五度の空気が、熱帯から来た人にとっては酷く寒く、雪国から来た人にとっては小春日和として感じられる。これは身体的な感覚による気温の把握であるが、そこにはすでに無意識的ではあるが、一種の解釈と呼ぶべき働きが存在している。したがって、「寒い」というのは、外界の特徴であると同時に自分のあり方でもある。その空気を寒いと感じるのは、ほかならぬ私だからである。私たちは、「寒さ」という本来「主観 - 客観の関係」を自己の外に「客観」として見いだすのである。

だから寒さを感じるということにおいて我々は寒さ自身のうちに自己を見いだすのである。しかしこのことは、我々が己れのなかに移し入れ、その移し入れられた己れをそこにあるものとしてあとから見いだすのではない。寒さが初めて見いだされるときには我々自身はすでに寒さのうちに出ているのである。だから最も根源的に「外に在る」ものは、寒気のごとき「もの」「対象」ではなく、我々自身である。[15]

しかし、「寒さ」を感じる主体は「私」一人ではなく、私たちは同じ寒さを共通して感じる。だからこそ、寒さを言い表す言葉、たとえば、「お寒いですね」といった表現を日常の挨拶に用いるのである。もちろん、私たちは各々、寒さの感じ方が異なっている。しかし、そうした違いも、寒さを共同に感じるという地盤においてのみ可能である。全く無関係のバラバラのことを私たちが経験しているとするならば、たがいの違いについて語ることもできない。和辻によれば、風土へと向かう人間の志向性は、共同的、間主観的志向性である。「すなわち我々は『風土』において我々自身を間柄としての我々自身を見いだすのである[16]」。

和辻の考えでは、私たちは風土において自己了解するのであるが、それは単に暑さ寒さを感じる主観として自己了解するのではない。寒さを感じるときに、私たちは体を引き締める、着物を着る、暖房のそばによる。また、子どもに着物を着せ、老人を火のそばに押しやる。あるいは着物や暖房器具を買うために労働をする。寒さを防ぐ住処や織物を生産する。私たちは寒さを防ぐためのさまざまな手段を個人的・社会的に生み出していく。「風土」における「自己了解」は「自然に対して生活していく手段の発見」として現われるのであり、「主観を理解することではない[17]」。

諸々の手段、着物、暖房具、住居、堤防、排水路などは人間の自由な発意によって発明されたものだが、同時にそれらは、私たちを取り巻く風土との関係から産み出されたものでもある。それらの生活手段は、その場所に生きてきた人間の発意と行動、創作の集積であり、歴史性を帯びている。私たちの服装、住居、食物保存などは、風土との関わり合いのなかから生まれてきた歴史的産物である。時間と空間が不即不離であるように、風土という空間性は、そこで生活する人々の社会の歴史から離れて存在できない。「一言にして言えば、人間の歴史的・風土的構造においては、歴史は風土的歴史であり、風土は歴史的風土である[18]」。

現代の私たちの観点からすれば、こうした和辻の議論は、まだ人々の生活とその道具や手段がある地域に根ざした時代に属していると感じられるだろう。現在の私たちを取り巻いている道具や生活手段は、その多くが普及した量産品であり、地域の固有性はしばしば薄い。昭和初期の当時でも、和辻が大学生活を送った東京ではそうした地域性は薄れていただろう。いや、江戸時代でも江戸のような都市では、特定の地域性は薄く、人々のつながりはゲゼルシャフト的だった違いない。実際に、和辻は東京が嫌いだったようだ。

以上の基礎理論のもとに、『風土』の第二章では、世界の風土が三つの類型に区分される。第一は東南アジア、中国、日本などを含む「モンスーン地帯」、第二は、アラビア、アフリカ、蒙古などに広がる「砂漠地帯」、第三は、ヨーロッパに見られる「牧場地帯」。これは和辻が船でヨーロッパに向かった経路通りの順番である。

モンスーン気候のもとでは、自然の暴威にたえながらも、豊かに食物を恵む自然の恩恵に抱かれていることがよしとされる。ここからモンスーン型の人間は受容的・忍従的となる。この地域の宗教は、あらゆる部族を平等に恵む自然の力を表現して多神教となる。砂漠地帯では、人は自然の驚異と戦いつつ、草地や泉を求めて歩かねばならない。沙漠において人間は、部族の命令に絶対的に服従しながら団結し、自然に対して、また他の部族に対してたえざる戦闘を繰り返すのだという。沙漠的人間の宗教は唯一神に服従する一神教となる。そして、牧場地帯では自然は安定して穏やかであり、人間に従順である。この地域の人間は、モンスーンのように自然が恵み豊かであるがゆえに忍従することもなければ、沙漠のように自然と敵対する必要もない。自然の中から容易に規則を見いだすことができ、この自然の規則性の看取から、科学的精神、合理的精神が発達したという。

『風土』と花鳥風月の植民地主義

だが、和辻の『風土』は現在の日本ではあまり関心を持たれていない。哲学の専門家の間でも、多くの人が研究しているというわけではない。なぜだろうか。いくつか理由があげられる。

それは、『風土』の第二章以降に展開されている個々の地域の特徴づけがあまりに恣意的であり、端的に言えば、現代の水準から見て間違っているからである。たとえば、「風土的に牧畜か漁業かが決定せられているゆえに、獣肉か魚肉かが欲せられるに到ったのである。同様に菜食か肉食かを決定したのもまた菜食主義者に見られるようなイデオロギーではなくして風土である[19]」などの部分は首をかしげざるを得ない。日本でも、沖縄では豚肉がよく食べられるが、沖縄が牧畜に本州よりも適していると言えるであろうか。インドでは同一地域でも、宗教によって食物のタブーが異なる。自然がモンスーン的だと忍従的になり、沙漠的だと戦闘的になり、牧場的だと合理的になるなどというのは、今日の視点からは偏見にしか思えない。和辻のその他の独断をひとつひとつ指摘する必要もないだろう。

和辻は著作の最初の部分で、風土決定論、すなわち、自然環境から人間の生活形式が定まってしまうという考え方を人間の主体性を無視するものとして批判している。しかし実際の彼の風土の類型論では、自分の記述が典型的な風土決定論に陥ってしまっているのだ。ベルク氏は、和辻の類型論は観察よりも最初から仕込んであった知識に影響されていると批判している。

このように『風土』は、いかにわれわれが実際には文化と文明の影響に他ならないものを自然なものと見なしがちであるかということを、裏側から明らかにしてくれる。事実ヨーロッパは、もし新石器時代以来、人間が開墾を行ない畑や草地を切り開いてこなかったなら、森に覆われたままで、和辻の見たように「牧場的」にはならなかっただろう。和辻が自然と見たものは、人間の作りだしたものにほかならないのである。[20]

旅行の最中、和辻は、仕込んだ知識とは違う物を見つけてやろうとは思わなかったようだ。これでは、ガイドブック通りに外国を見て歩き、その情報を確かめるだけに旅行する初心者と変わらない。和辻は理論的であるより、繊細な感受性と優れた文章表現に特徴のある哲学者だとみなされている。しかしながら、『風土』にはそうした感受性豊かな記述はあまり見当たらない。彼は、各地の気候と地形をある程度説明するだけであり、そこの地域に住む人々の生活を詳細に観察することもなければ、その場所の自然環境のあり方を細密に描写するということもあまりない。『風土』は、ある意味において旅行記である。しかしこの旅行の間に出会ったはずの地域の人々の日常生活と会話、仕事、文化的・宗教的活動、身体の所作、習慣、服飾、化粧、食事、礼儀作法に関する記述はまったくといってよいほどない。和辻は、その場所の気候と、農業、工業、建築、都市構造、歴史の関係を抽象的に述べるだけである。

筆者は和辻に、ジョセフ・コンラッドやアーネスト・ヘミングウェイのような劇的な事件に満ちた旅行記や、政治的で活動的な現地への関わりを期待しているわけではない。だが、風土が人間と環境との間主観的関係性だと力説する割には、現地の人々の生活についてはあまりに無関心に思われる。実際に和辻は、旅行中、それぞれの地元の人々と交流することはほぼなかったし、欧州に留学中の八カ月の間、ヨーロッパの知識人たちとさえ社交的関係を結ぶことはほとんどなかったのである。

『風土』の著者は、既存の知識に当てはめながら、自然の特定の特徴にのみ注目している。現地の産業と都市、歴史を知識として知ってはいても、そこに住んでいる人々の生活にはあまり強い関心を示さない。ひとりの人間が、一定の自然環境と社会と歴史のなかでどのように生きているのか、そのありさまを具体的に描こうとする意図は見られない。和辻は人間が個人的かつ社会的存在であると主張する。だが、彼の視点は、すぐに個人ではなく共同体全体の特徴へと移っていく。和辻によれば、人間は風土的過去を背負う。したがって、「人間の歴史的存在がある国土におけるある時代の人間存在となる」[21]と主張する。ここで、和辻がいう国土とはどのような範囲の場所を指しているのだろうか。日本だけ見ても、北海道と鹿児島は気候も歴史も違う。彼自身が、兵庫県姫路市から東京に移り住み、藤沢に住んだあとに、京都に移ったはずだ。それらが全部同じ「ある国土」における「ある時代」の人間存在としてまとめるのだろうか。和辻は、「人間存在は無数の個人に分裂することを通じて種々の結合や共同態を形成する運動である」[22]と指摘しているにもかかわらず、そのあとの論述では、個人を、ある場所の歴史を担う個体として共同体の中に没入させてしまう。こうして和辻は、風土の具体性を記述するのではなく、観念によって国民性や民族性なるものを創作しようとする。

『風土』は、和辻という旅行者によって書かれた著作である。そして、和辻によって見られた風景の中の人々は、それ場所の歴史性の中に埋め込まれて、場所と一体化されて理解される。ある風土とその中の人々は固定的な性質の中で絵画のように捉えられる。旅行者である和辻は、ある場所において、自らを透明な第三者として、その場所と人々との関係を記述する。しかし和辻自身は、その場所と向き合い関わることは決してしない。

『風土』に横たわる根本的な区別は、実は居住者と旅行者の区別である。興味深いのは以下のような和辻の論述である。「旅行者はその生活のある短い時期を沙漠的に生きる。彼は決して沙漠的人間となるのではない。〔……〕が、まさにそれゆえに彼は沙漠の何であるかを、すなわち沙漠の本質を理解するのである」[23]。和辻にしたがえば、旅行者は、沙漠的生活を外部から見ることができるがゆえに、沙漠の本質を理解することができ、沙漠に「入り込んで生きる」ことをなし得るという。

確かに、異なった生活と比較することによって、ある人たちの生活の特徴を理解するということはあるだろう。それは他のどこかと比較することによって、生活のある側面の特徴が浮き彫りになるということだ。

　しかし、船からろくに離れもしない旅行者が、その地域の生活と文化の「本質を知る」とは、何たる大言壮語であろうか。『風土』の書く経験をしたときに和辻は、まだ三〇歳台後半であった。筆者はこうした論述を、和辻の若書きとして非難したいのではない。それよりも深刻に、この旅行記は一種の植民地主義的発想のもとに書かれてはいないだろうかと問いたいのである。和辻の植民地主義は攻撃的で侵略的なものではないかもしれない。しかしそれは、主観＝旅行者と客観＝風土という二元性を保ったまま、現地の居住者を固定的な客観＝風土のなかに塗り込めようとするものに思われる。現に、和辻は、現地の人々とその文化に交わり自分を変えようとする態度を取らなかったではないか。

　実はこれと同じことが、日本の伝統的な自然への「愛好」についても言えるのではないだろうか。通俗的な日本人論では、日本人は自然に対する愛が豊かだとしばしば主張される。日本も中国の影響の下、自然を美的に眺める態度が発達し、詩歌や絵画の題材になったことは確かだろう。

　しかし、日本の伝統文化における自然環境への配慮は実に偏ったものであった。あらゆる動物が愛でられるのではなく、古典的な詩や文学で取り上げられている幾種類かの鳥や昆虫、そしてそれよりも限られた種類の哺乳類にしか日本人の美的関心は向かわない。植物についても同様である。象徴的な意味を纏わされたまったく限られた種類の観賞用の草花だけが、偏愛を受ける。季節や場所についても、絵画や詩歌で褒められた場所に焦点が合わせられる。造園にしても、伝統的に価値があるとされている自然の要素と景観だけを題材に選び、それを小さなスケールで再現することを目指している。

これらの「自然」なるものは、文化人によって選好された一部の自然物にすぎない。動物にせよ、鳥類にせよ、昆虫や植物にせよ、伝統的な日本の自然物の描写、とくに詩歌における描写は不正確であり、画一的な概念に沿った狭い視野から観察眼に欠いた鑑賞がなされる。地域性には関心が向けられない。鳥類や昆虫などに対しては、ナルシスティックな形で人間の感情が投影される。しかし、イヌやネコやウマのような身近な哺乳類にはそうした投影はなされない。哺乳類はそれ自身の表情や意図が顔や動作に明確に表れているので、かってに人間の心情を投影しにくいからだろう(24)。主体性や自発性を感じさせる自然は愛されないのだ。

動物や植物に関する真に迫った観察は、日本の伝統的な詩歌には見られない。日本の古典的な自然へ美的態度には、偏愛や記号化された単純化が目につく。

津田左右吉と加藤周一は、共通して次のように指摘している。津田は、古今集以後は、撰集も家集も、歌集の編纂法がほぼ一定してしまって、その十中七八が四季と恋とで埋められることになっていると指摘する。これがしばしば日本人が「自然」に敏感であるとか、「自然」と調和して生きているなどと言われる所以であろう。しかし、津田は加えてこう述べる。

実際、万葉でも花鳥の歌には実質の恋歌であるものが多い。しかし、一度び恋によって開かれた詩情は、おのずから好意を離れても自然の世界に放射せられる。是に於てか純粋の花鳥の歌が作られる。これが我が国において自然界を詠じた歌の生まれた一原因であろう。(25)

同様の趣旨で、加藤は『日本文学史序説』の中でこのように論じている。

枕詞の用法にも典型的なように、『万葉集』の貴族上層の歌人たちは、彼らの日常生活の自然環境に託してその感懐を述べた。感懐の中心は『相聞』に見られるように主として恋であり、その次に、『挽歌』にみられるように悲哀であった。恋が花鳥風月に意味を与え、悲哀が山川草木を生かしたのであり、決してその逆ではなかった。(26)

これは、つまり、日本に詩歌における自然への関心が同時に恋や恋愛の情に基づいたものであることを示している。ただし、少し留保をつけておけば、『万葉集』の東歌のなかにはそれほど名を知られていない山々(安太多良山、安積香山など)を題材にした歌もあり、自然の奥深くから詠されたものもいくつかある。(27)

しかしながら、全般的に言えば、日本の古典的な美的自然観は、現在の自然保護や環境美学の観点から見るとあまり高くは評価できない。というのも、自然保護にとってもっとも重要な価値である生物多様性の考えが根本的に欠けているからである。(28) 同様に、都会の文化人が地方の自然を判断するという点で、生物文化多様性にも欠けている。詩歌は、時代が下るにつれ、支配層や文化の専門家によって独占されていく。特定の自然物への偏愛とそこに自分の情緒を投影する態度は、その対象に関する真の関心の欠如と根本的な無関心を示すものであり、一種の植民地主義を見て取ることができるだろう。

キャリコットは、ベルクの研究に言及しながら、以下のように述べている。「環境の中の一定の要素だけを賞賛する伝統、名の知られた人物や過去の出来事に結びつけられて土地を捉える考え方、一定の土地の形状に基づいた様式化された造園法、またそうした景観だけを賞賛する姿勢」、こうした態度の全てが合わさった結果、二〇世紀の日本は環境が大きく破壊され汚染されても無頓着でいられたのである。[29] すでに文化的に評価を受けた視点から、現地の自然と生物、そこに生きる人々を判断するのが、日本の自然観なのではないだろうか。それは、日本の古典的伝統のなかに巣食う植民地主義的態度である。したがって、環境を野放図に濫用する日本は、伝統的な自然に対する美意識が廃れたからそうなったのではなく、まさしくその延長から生じたものなのである。

和辻の風土論は、この意味で日本の伝統的な自然観にしたがっているとみることができるのではないだろうか。

和辻は一九一一年に卒業論文を、東京の下宿が同じだった高瀬弥一の実家（神奈川県藤沢市鵠沼）で書き、そこで妹の照と親しくなり、後に結婚する。[30] 江ノ電がその頃開通し、高瀬家の邸宅は、当時、江ノ電鵠沼駅の北側にあり、片瀬西浜の海まで徒歩で一〇〜一五分ほどである。

しかし鵠沼に住んでいた時代（一九一五～一九一八年）の彼の著作や日記のどこを見ても、鵠沼や片瀬、腰越の海岸の様子や魚や海の生物、海鳥の生態などについて記した部分は、ほとんど見当たらない。現在の兵庫県姫路市の仁豊野（当時は、神埼郡砥堀《とぼり》村）という農村地帯の医師の家に生まれた和辻は、海の自然に親しむ習慣はなかったのかもしれない。だが、和辻が生まれる数年前には、鎌倉由比ガ浜、鵠沼海岸、大磯はすでに海水浴場として開かれていた。和辻が浜辺近くに住んだときには、それなりの数の人が海を楽しんでいたはずなのである。和辻はそもそも自然にあまり関心がなかったのではないか。

ベルクのトラジェクションの概念

こうした問題点をすべて心得ながら、ベルクは和辻の『風土』を評価する。というのも、和辻の発想を展開することによって、主体と客体の結びつきである「風土性」（フランス語では、médiance と訳す）を意味の最小単位として人間存在を分析する哲学的な人間学を構想できるからである。

環境から独立した不変の実体としての主体と物理学的な用語で分析された環境は、私たちが出会う現実から抽象された二つの側面である。風土性とは、通態性（la trajectivité）の具体的な産物である。通態性とは、和辻の「人間存在の構造契機」という概念をもとにしてベルクが作り上げた概念であるが、主体と客体という理論上の極が具体的な現実を作り出すために相互に作用し合うダイナミズムのことを指している。通態性は、主体と環境との間の可逆的で往復的な過程のことである。

トラジェクションとは通態性の運動のことであり、人間性と地球との間の存在論的で地理学的なダイナミックな関係である。人間の主体は、ベルクによれば、環境のなかにすでに書き込まれた「意味=趣き」によって動機づけられている。環境の意味は主体によって発見され、主体の関心の対象になる。トラジェクションは、主体と環境の間の循環的な関係であり、また時間とともに発展していく。この意味で人間の歴史は、風土の歴史であり、風土は常に歴史的である。ベルクの通態性の概念は、和辻が逃れることのできなかった風土決定論を乗り越えるためのものである。

先に見たように、和辻における風土論は、ある場所の人間の生活と自然環境をどちらも固定的・図式的に客体視してしまう傾向があった。そこでは、ある場所に住む人間の主体性が見失われてしまう。ベルクの通態性の概念は、主体と環境との間に相互的なダイナミズムを認めており、そこには主体の自由の余地が残されている。ここでは、ひとつの環境が、主体と相互作用で多様に変化する可能性を持つことができ、また今度は、主体によって変容させられた環境が主体と関係を取り結ぶことになる。

風土が和辻にとって間主観的であるように、トラジェクションも集団的で歴史的である。トラジ

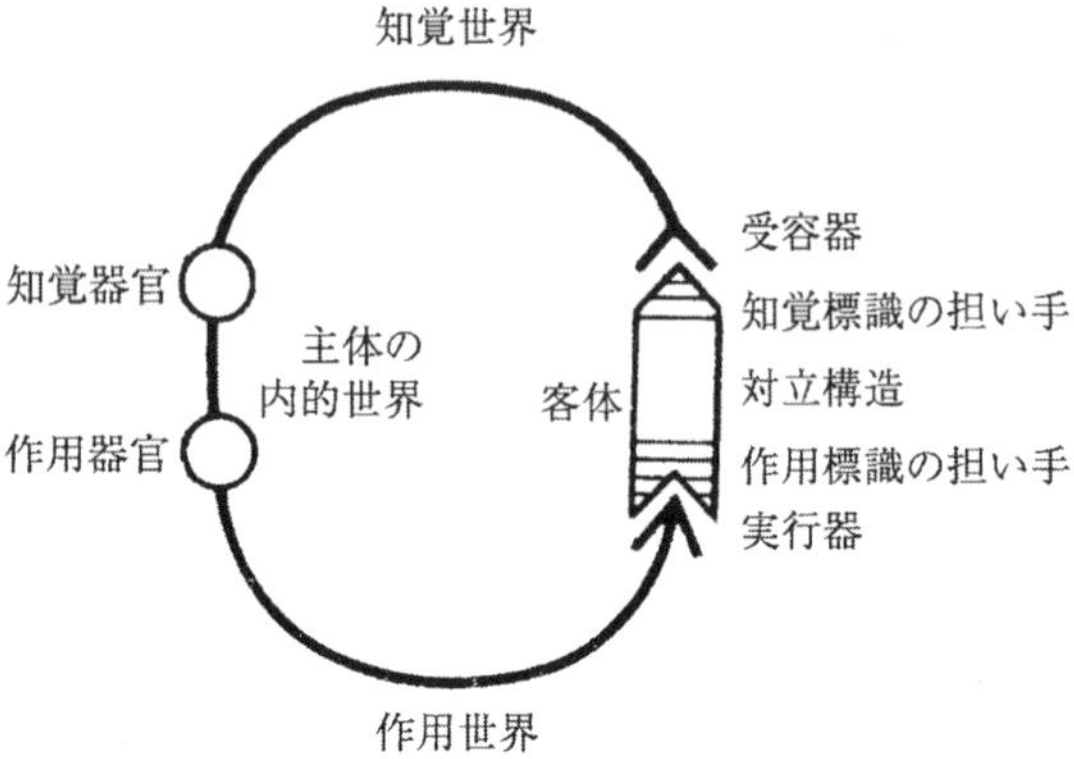

機能環

エクションは、フォン・ユクスキュルが動物と環境との関係を説明した「機能環（Funktionkreise）」という概念から着想を得ている。[31] しかしユクスキュルの機能環は、動物と環境との循環的関係を意味していても、その循環が歴史的に蓄積し、らせん状に発展していくという側面はない。

トラジェクションは人間的な環境との関係である。トラジェクションのダイナミズムは、現象学における志向的関係として表れる。先に述べたように、志向性とは、たとえば、ある温度を「暑い」としてとらえるように、ある対象を何ものかとして把握し、意味を与える意識の働きである。トラジェクションにおける志向性は個人的な意識の働きにとどまらず、自己と他者のパースペクティブをひとつの意味へと統合していく集合的な働きである。

だがトラジェクションは、単なる意識や心の働きに留まらない。トラジェクションは、心理的であると同時に物理的な主体と地球環境とのやり取りであり、現実的に文化や文明と呼ばれるものを構築する力である。ある地域における都市、建築物、農地、整備された森林、堤防のある河、植林され山、これらのものはトラジェクションによって作られた具体的な現実である。これらは、風土の構成要素と言い換えてもよい。「私たちが住む環境の現実を構成するものは、純粋に客観的でもなく、純粋に主観的でもなく、トラジェクティブである[32]」。したがって、文明や文化とは、人工物の単なる集積ではなく、人間と地球環境との動的で歴史的な運動のことなのである。

トラジェクションの多様性

私たちは、先に「生物文化多様性」の概念をみた。ある地域に存在する文化は単一ではなく、いくつもの異なった文化がひとつの風土に絡み合って存在しているのが普通である。ベルクのトラジェクションについても、そこに多様性を認めなければならないであろう。ひとつの自然環境の中に、複数のグループによるトラジェクションが存在しうるのである。

たとえば、北海道のことを考えてみよう。アイヌ民族が北海道に定着したのは約二万年前だと言われる。しかし彼らの土地は、この数百年で、「倭人」すなわち、本州の大和民族によって徐々に侵略されていった。一四五七年のコマシャインの戦い、一六六九年のシャクシャインの戦い、一七八九年の戦いといった大きな反乱を起こしながら、その抵抗も虚しく、ついにアイヌ民族は一八〇七年に徳川幕府の支配下に陥ってしまう。そして明治維新以降、大勢の植民がなされるようになった。

大和民族とアイヌ民族では、当然、生活形態も文化も異なる。[33]ベルクは、一九七九年にパリ第四大学に『北海道の大地——人地理学的研究』を博士論文として提出した。後の論文で彼は「北海道への植民は、日本文明の生態学的基礎を異なった環境の中に再生産するにとどまったわけではない。植民はその基礎を変化させ、日本人社会も変えたのである」と指摘する。[34]

明治期に北海道への植民が始まったときには、本州から来た大和民族、アイヌ民族、そして明治政府に雇われるなどして居住した西洋人、とくにドイツ人とアメリカ人という三種類のグループがいたと言えよう。西洋人は大和民族の植民を手助けし、アイヌ民族は周辺化され、大和民族の文化と生活形態へと強制的に吸収させられていった。大和民族と西洋人のトラジェクションは、北海道という環境の中の植民という企ての中で融合してゆき、アイヌ固有のトラジェクションは部分的にマジョリティの生活に取り入れられることはあっても、基本的には排除され、無力化され、抑圧されていった。大和民族のトラジェクションは、アイヌ民族のトラジェクションに対して植民地主義的であった。

ここでの理論的な問題は、その時代の北海道においては大和—西洋的トラジェクションとアイヌの風土があったわけであるが、そこには、二つのトラジェクションに対応する二つの風土があったというべきなのか、それともひとつの風土に二つの葛藤状態にあるトラジェクションが関わっていたと考えるべきなのかという問題である。筆者は、トラジェクションが心理的だけではなく物理的であることも考えると、後者の考え方が妥当であるように思われる。すなわち、その時代の北海道には、二つの葛藤するトラジェクションがひとつの風土に存在していたのである。

「葛藤するトラジェクション」は、世界のどの地域にも見いだせるであろう。風土における葛藤は、土地や動物や植物の命名に表現されることがある。たとえば、北海道の後志地方南部にある「(後方)羊蹄山(こうほうようていざん、しりべしやま)」は、安倍比羅夫が群領を置いたと日本書紀にも記載されているが、その円錐形の形状から「蝦夷富士」とも呼ばれてきた。他方で、アイヌの呼び名では「マッカリ・プヌリ」であったので、「真狩山」とも呼ばれていた。明治、大正、昭和にかけて、これら複数の呼称が存在していた。北海道の地名や山や湖などの呼称の多くがアイヌ語から来ていることは、知られている通りである。

こうした呼称の葛藤は深刻な対立ではないのは、それらがまだ並存可能だからである。しかしトラジェクションの対立が意味づけのレベルに留まらず、しばしば政治的、経済的、産業的、社会的、美的な対立にまで至ることがある。今述べた北海道がそうであり、先に述べた、パタゴニアにおけるインディオとスペイン人の対立も同様である。実際に、ある土地をどのように使用するのかについて、日本人の間でもトラジェクションの対立や葛藤が起こることはしばしばである。現在の日本の中でも、たとえば、ある湾の開拓を巡って、農業従事者と漁業従事者が対立するといったことがある。この対立は単に産業上、経済上、政治上の対立ではない。自然環境と自分たちがどのように接するかというライフスタイルや自然への美意識の対立でもあるのだ。

このような場合には、どのような形で葛藤を調整すれば良いのだろうか。ここでも生物文化的多様性という概念が重要な意味を持つのではないだろうか。生物文化的多様性に対立するのは、生物文化画一性である。複数のトラジェクション同士が対立しあう場合には、その風土に、生物と生態系と文化の多様性が最大限に保持されるようなトラジェクションを選択するか、そうしたトラジェクションの共同性、ないし、新しいトラジェクションを作り出すという原則が採用されるべきだということになるだろう。

ウィルダネス、再び

風土とは、自然環境と主体との間の循環的な相互作用が歴史的に沈殿したものである。もしそうだとすると、自然環境をウィルダネスとして保とうとする人々の社会は人間の歴史性を蓄積させないようにしているのではないか。それも意図的に。言い換えるなら、ある人々は、自分たちを取り囲んでいる自然を人間性によって変えないような生活形態をとってきたのである。それは、自然と主体の間で循環はするが、らせん状には発展させないトラジェクションであり、おそらく、狩猟・採集的、あるいは遊牧的な生活形態がその代表的なあり方なのかもしれない。それは自然をそのままに保護しようとする生活のあり方である。

すでに述べたように、ウィルダネスとは「原生自然」と訳される荒野、砂漠・沙漠、山岳地帯、森林、海洋などのような場所を指す。これまで、主に北米におけるウィルダネスの保護活動について論じてきた。ネスのディープ・エコロジーには、ウィルダネスの保護が含まれていた。日本でも、ウィルダネスへの愛好が伝統的に存在しなかったわけではない。たとえば、すでに江戸後期において登山は宗教的な修業を超えて普及していたし、明治期以降、西洋の影響で、登山はさらに広まった。

にもかかわらず、日本のメイン・カルチャーにおいては、ウィルダネスはあまり関心を払われてこなかったと言えよう。沼田真氏は、一九九四年に出版された『自然保護という思想』という著書のなかで次のように書いている。「前に私は、日本の四季と動植物に関する本の編集に関係したことがあるが、ペット的でなく野生的な動植物をテーマにしようと話題を出すと、「一般に親しみがないから、俳句の題になるようなものがよい」という意見が強かった。これが日本人の自然観なのかと考えこんだ[35]」。このように、ベルクに自然破壊の原因とされている伝統的自然観はまだ生きているといえる。とはいえ、この二〇年の間に状況は変わったかもしれない。現在、登山やトレッキング、エコツアーは、以前とは比べものにならないくらい盛んになっており、野性的な自然への関心はかなり高まっているように思われるからだ。

他方、北米では、一九世紀中からウィルダネスへの美的態度とそれに結びついた自然保護活動の堅牢な伝統が存在する。[36] ウィルダネスの定義は、一九六四年に作られたアメリカの「原生自然法（Wilderness Act、「自然原野法」と訳されることもあるが、あまり適訳には見えない）」によれば以下のようになる。

ウィルダネス（原生自然）とは、人間とその産物が風景を占拠している地域と異なり、地球とその生命の共同体が人間に束縛されておらず（untrammeled）、人間がそこに留まることのない来訪者（visitor）であるような場所である。ウィルダネス地域とは、原始的な特徴と影響力を保持しており、永続的に手を加えられたり人間が定住したりしたことのない、その自然の条件を保全するために保護され、運営される未開発の連邦の所有地を意味するものと定義される。[37]

この定義には、人間の働きから「自由である（untrammeled）」という特徴と、人間が定住していないという特徴が含まれていることに注目しておこう。ウィルダネスとは、人が大集団で住んでいない自然地である。遊牧民のように、大きな平原を移動して住む人びとがいる。遊牧民は、自分たちの痕跡が自然を壊さない程度に住む場所を移り替えていく。海の狩猟採集民たるヤガン族も、かつては獲物を取りすぎないように島々を移動していた。ウィルダネスとは、人間が土地を所有して改変しようとしてこなかった場所であり、人間が自分の痕跡を土地に刻み付け何かを蓄積的に構築してこなかった場所である。

しかしヤガン族のような人々が暮らしている地域であっても、その自然が「原始的な特徴」を維持しているとはとても言えないだろう。たとえ狩猟採集形態であれ、人間がある地域に長期に渡って住み着くならば、動物や鳥類は離れていくかもしれないし、そこの植物相も変化する可能性は大いにある。人間はどうあっても生態系の一部をなしており、それにまったく影響を与えずにいることはできないのだ。したがって、ウィルダネスという概念、あるいはウィルダンス保護運動は、次のような観点から批判にさらされてきた(38)。

ひとつは、自然の流動性に着目した批判である。これまで述べてきたように、自然も生態系もダイナミックである。にもかかわらず、ウィルダネス保護は自然をそのままに同一のままに保持しようする。たとえば、浸食現象で自然に崩壊していく滝を人為的に補強するようなことを行っているというものである。

第二に、歴史的観点からの批判によれば、ウィルダネスは、「純粋な野生」といった人間と自然を対立的に考える西洋の文化的自然観、とくに一七世紀のピューリタンの神学の考えに依存した概念にすぎない。また荒野を、神の啓示が訪れる土地といったユダヤ‐キリスト教的な宗教的解釈で捉えようとしているとも批判される。つまり、ウィルダネスの概念は西洋の自民族中心主義的な観点から価値を付与されているというのである。

これに関連した問題として、たとえば、アメリカ大陸においてウィルダネスと呼ばれる地域も、先住民たるインディアンがすでに居住し利用してきたことがあげられる。インディアンにとっては、その場所は単なる居住地に他ならない。手つかずの自然という考えは、インディアンの存在を無視している。そして、その場所をウィルダネス保護区としてしまえば、地元の人々や先住民にその土地を利用することを禁じてしまうことになるだろう。

また、フェミニズムの観点からは、ウィルダネスは、荒々しい自然に挑戦し、それを征服するといった男性中心主義的価値を内包しているという。

以上の批判は、いずれも一理あるだろう。キャリコットも、「ウィルダネス」と呼ばれる地域を保護すべきことには大いに賛成はしても、この概念には問題があると指摘する。自然は変転する流動的なものであり、環境倫理の観点から見て、保護すべきは「ウィルダネス」という固定的な景観ではなく、「生物多様性」であると主張する。(39) つまり批判者によれば、ウィルダネスとは、旅行者が訪れた場所を固定して眺める態度であり、そこには、自然の流動性についての理解も、またその場所に生きてきた人々への共感も欠けていたというのである。つまり、和辻が固定的に旅行先の風土を見たのと同じような仕方で、自然を絵画のように固定させて見ているというのである。

しかしながら、手つかずの自然など地球上には存在しないというウィルダネス非存在論に対しては、筆者はまったく同意できない。たしかに、北極の氷にも汚染物質が検出され、南極上空のオゾン層がフロンガスなどによって薄くなっていることを考えれば、人間の活動の影響が見いだされない場所など地球上にないだろう。狩猟採集民族の生活も、生態系にそれなりに大きな影響を与える。しかし、ウィルダネスの定義が、人間が定住しておらず、人間とその産物が風景を占拠していない地域ということであれば、そうした条件を持たす山岳地帯、砂漠地帯、極地などが明らかに存在している。

何よりも海洋はつねにウィルダネスである。海洋は人間がそのままでは暮らすことのできないワイルドな場所である。人間は海洋そのものに手をつけることなどできない。そして、海洋に囲まれた人間の生存には適さない島々も存在する。人間はそれらのウィルダネスを訪問することしかできず、安易な訪問はしばしば落命を引き起こす。ウィルダネスなどまったく存在しないという主張は、おそらくそれらの場所を想像できない人たちの意見である。

また、ウィルダネスへの愛好を、あまりに単純に男性のマチズムと同一視する考えにも同意できない。たとえば、登山や帆船による航海のように、ワイルドな自然に「挑戦」するなど呼ばれる行為は、実際に体験してみれば分かるように、危険な場所で生き延びること、一定期間の生存に成功すること以上にはなりえない。高山を登って、「自然を征服した」などと触れ回る登山家など聞いたことがない。何とか航海を終え、旅の安全を喜んでいるときに、「私は自然を克服した」などと嘯くヨットマンなどいないのではないだろうか。

ウィルダネスの経験は、多くの場合、人間の小ささと、自分が自然の一部でしかないというむしろ謙虚な実感に至るはずである。たとえば、ヘミングウェイなどはマチズムの文学と考えられることが多いが、『老人と海』[40]を、自然を征服する物語などとして読むことができるだろうか。それどころか、主人公は、老いさらばえた身体を押して、最低限の生活の糧を得るための漁に出る。しかし、カジキとサメに象徴される自然と老いた躯に表現される人生の両方に敗北していくという寓話である。しかし、その敗北のうちにも誇りと安らぎがあるのは、老人は自分が海の生命のひとつであることを受け入れているからである。「[カジキの]あの堂々としたふるまい、あの威厳、あいつを食う値打ちのある人間なんて、ひとりだっているものか」[41]。これが世に言う「男らしさ」であるとすれば、その本質は謙虚さにあるということになるだろう。

　ウィルダネスと呼ばれる地域を人間の影響からできるだけ保護することは、ウィルダネスの概念は、倫理的にも美的にも有意義であるという主張も数多くある[42]。たとえば、上であげた批判に対してウッズは丁寧に反論している[43]。筆者も、ウィルダネスは人間にとって現象学的な価値、すなわち、経験する価値をもっており、そのような経験ができる場所として維持する価値があると主張したい。ウィルダネスの概念は改鋳されるべきであるとしても、捨てられるべきではないと思われる。

　ウィルダネスを経験することの意義はいくつかある。ひとつには、人間は、ウィルソンの言うように、無意識的に他の生命とのつながりを求めるような生物愛、すなわち、「バイオフィリア」をもっていることである。この愛ゆえに、私たちは、人間の支配に傷つけられていない土地とそこに住む生命たちの存在を求めているのである。ウィルソンは言う。「野生のままの自然は何の助けも必要としないだけに、人の心に安らぎを与える。それは人間の画策の手の届かないところにあるの

キューバ，コヒマルの海岸。ヘミングウェイの『老人と海』の舞台。海洋はつねにウィルダネスである。

験することにある。言いかえれば、ウィルダネスを経験することの真価は、絶対に他なるもの、無情なものを経験することにある。だ」[44]。

ヴェストによれば、「ワイルド」であるとは、人間の意図や感情にお構いのない「身勝手さ」、「制御不能性」や「予見不可能性」を意味している[45]。とくに、ひとりないしごく少人数でウィルダネスを移動するときには、自然の御しがたさや予測できなさは際立ってくる。確かに、人間の活動から一切の影響を受けていない場所は、地球上にはないだろう。しかし、原生自然法が規定しているのは、人間から「自由だ」ということである。かつてバークやカントが論じた自然の「崇高」の美とは、自然の無限の力を前にした、孤独な人間の喜びと恐怖の感情である。自然の他性が露わになる場所こそが、ウィルダネスである。そして、その絶対に他なる存在、自分に対して即座に死を与えかねない無情な存在こそが、限りなく美しいのである。こうしたウィルダネスの独特の美は、人間によって綺麗に秩序づけられた農村的、田園風景的な自然美からは得ることができない。

岩への敬意

カナダでネイティブの人々の哲学を研究しているジム・チーニー（Jim Cheney）は、多くのアメリカのインディアンが、岩を、もっとも年長でもっとも賢い存在として、真剣に敬意を払っていることに注目する[46]。層をなした岩は、海とその生命を刻み込んでおり、私たちはそれを見ると太古の海とそこで生きていた生命に思いを馳せるようになる。岩は、地面の下の圧力と熱を自分の身体に内包しており、私たちにその力について静かに語りかけてくる。インディアンによれば、岩は、人間よりも遥か以前から、ずっと目覚めており、自然の営みを眺め続け、それらを自分の身体に刻み付けてきたのである。

聖なる岩が世界に現前し続けていたことは、その岩が目覚めていることであり、自然を注意深く見守る岩の目は、インディアンのラトカ語で「インヤン Inyan」と呼ばれる。インヤンは、川の下流では、小岩や小石のなかに現れる。人間の知識は、地球と「ともに知ること」から生まれ、さまざまな物に対する倫理的態度、すなわち、敬意を表してはじめて得ることができる。岩が自然を眺めていた太古の目を通して、私たちは自然を知ることができる。こうしたインディアンの考え方は、知識とは対象を支配し制御することだと考える近代社会の考え方からは遠い。岩という存在が私たちの前に屹立すると、異なった秩序が私たちのなかに生じるのである。こうした考えに目覚めるのは、アメリカの先住民ばかりではない。山と自然から学んだ人間は同じ英知に至るのかもしれない。インディアンの考えと呼応するかのように、串田孫一はこう述べる。

岩は、人間の測定の能力からも想像からもはるかに超えた力の死骸である。〔……〕花は無残にちぎりとられて捨てられても、それなりに頻りに訴えたり、少々しつっこい物語を聞かせようとするし、折れて枯れた花でもかなりのお喋りを続ける。しかし岩は喋ろうとしない。あまりに深い沈黙と静止は、これを暫く見詰めている私に、却って異様な作用を起こさせる。(47)

花の声を聞くのは難しくない。うるさくすらある。しかし岩は沈黙する。その沈黙にたまりかねて、私のあまりに深いところで、あまりにゆっくりと、しかし身がぐらつき壊れてしまいそうな低音で、私のなかの何かがその沈黙に呼応するのである。チーニーによれば、岩を敬意の対象とすることは、西洋の倫理では考えられないことである。日本でも、宗教的崇拝の対象となる特別の聖なる岩はあったとしても、小岩や小石にまで敬意を払うような態度は見られないだろうし、それが串田の言うような「岩の深い沈黙と静止」に対する反応に似ているとは思われない。ましてや、現代日本人の態度は西洋人とそれほど異なるわけではない。チーニーは次のように述べる。「このように考えるなら、私たちは、存在そのものが神聖なものであり、人間以上のものであることを理解するようになる。人間に特有の徳は、神秘的で、より広く、より深い、より力強い、永続する母体に埋め込まれ、そこから滋養を受けていることが分かるようになる(48)」。

岩の存在、その現前、その「目覚め」は、私たちが世界に対してどのように接すればよいか、自然に対する倫理的な態度はどうあるべきかについて、もっとも原初の教師となる。それは、宇宙を考え、宇宙に配慮し、宇宙と交流し、知識の相互性へと誘う。私たちのあらゆる活動の根底にあるもの、それは世界を祭ることである。

「祭り」とは、世界と生命の豊かな到来を感謝し、それが再び訪れることを祈る行為である。私たちが食事を取り、子どもを育て、家を建てることができるのは、祭典の世界のただ中においてなのである。「白人はインディアンの世界を正しく記述しようとする。これに対して、インディアンは、祭典の世界に住んでいるそれらの存在と正しい関係を結ぶことに関心を抱く。彼らは心遣いと優雅さに関心を抱く。これらの祭典の世界は、作法（振る舞いの様式）を作りだし、その作法が今度は世界の理解の方法を作り出すのである」(49)。

このインディアンの自然観によれば、私たちの主観が世界を意味づけるなどというのは思いもよらないことである。人間の与えるさまざまな価値や意味を振り落とし、その支配や制御から逃れた存在は、無限の豊かさをもって祭られることを待っている。

ヘンリー・バグビーは、アメリカ唯一と呼んでよい実存主義者であり、ウィルダネスを讃える哲学者である。彼は、フランスの実存主義哲学者、ガブリエル・マルセルに倣って、日記の形で思想を表現している。

物たちはそれ自体の権利で存在している。物たちを畏敬の念をもって自らのうちにとどめないかぎり、この教えは分からなくなってしまう。私たちがあえてウィルダネスの境界に立たない限り、いかにして、私たちの立場が正しくありえるだろうか。いかにして、本質的な真実が私たちの心とやりとりし合うだろうか。〔……〕しかし、物たちの独立性という真実は、独立の存在者のあいだの孤立や閉塞の感覚を屈するように私たちを導くのではない。物たちの独立性は、それを客体化する思考のあり方に根拠を与えるものではないし、物たちや私たちに向けて抽象的な視点をとることに根拠を与えるものでもない。というのも、具体的には、物たちの現前を経験することはそれと完全に親密になることであり、物たちと私たちを阻害することの正反対だからである。(50)

バグビーの主張は、インディアンの英知と響き合う。物たちを制御し、世界にもっともらしい脈絡と筋道をつけることは、世界を貧しくすることである。脈絡のない移動、意味のはっきりしない放浪、これらはまさしく旅というものの本質的である。

インディアンは、ある自然の地に居住しているにもかかわらず、なぜ、旅行者のような自然との邂逅を得ることができるのだろうか。それは、ほとんどのインディアンの古典的な生活がノマド的であったことと関係しているのかもしれない。移動する人々は、土地を所有したり、それを大幅に改変したり、自分の存在の跡をそこに残さない。自然の土地を農地に変えることは、人間の数と生活に合わせて自然を作り替えることである。これに対して、狩猟採集的な生活は、自然の生産性に合わせて人間の数と生活は制限される。そうした生活は生態系を大きく変えずに、環境の循環の方に自分たちを合わせることである。

しかし、世界を「祭る（cerebrate）」とはどういうことだろうか。それは、終わりなき世を、その無限を、そのまま受け止めると言うことである。

意味は関連性によって与えられる。ある物が何を意味するかは、その物が埋め込まれた文脈と状況を知らなければならない。たとえば、私の持っている指輪が他人にとってはありきたりの品物であっても、私にとってそれが代え難い物であるのは、母親が大事にしていたものを形見として譲り受けたという文脈があるからである。私にとって、指輪の周囲には母親と家族を巡るエピソードが張り巡らされている。その指輪をありきたりの品として解釈するのは、その指輪を、商品価値という一側面で切り出したときに生じてくる評価である。私と母親の関係という全体は、指輪という部分が明確になることで理解され、指輪という部分の意味は、私と母親の関係という全体のなかではじめて理解される。

全体の理解は部分の理解に依存し、部分の理解は全体の理解に依存する。この全体と部分が相互に循環的に規定する関係を、現象学では「解釈学的循環」と呼ぶ。

しかしながら、無限はこの解釈的循環を不可能にする。私の言葉が、行いがどのような意味を持つのかは、それがオープンな無限の中に位置づけられてしまうならば、究極的には与えられることはない。無限を前にして、あらゆるものは意味を失う。そこで私たちは、自分の関わる世界を限局し、文脈を制限し、その小さな庭のなかに自分を位置づけることによって、自己の存在に意味を与えようとする。自分が生活する範囲に区切りを付けて、その小さな世界と時間の中に自分のアイデンティティを見いだそうとする。しかし無限は、それをひとたび意識するならば、ある物事の意味を確定する可能性を決定的に奪ってしまう。全体が与えられずにいるので、私たちは自分の存在を意味づけるための枠を見失ってしまうのである。

こうして、私たちは、無限を前にして自分の存在の意味が不確定になる経験をする。満天の夜空の中で、自分の存在が無辺の宇宙に中であまりに小さく、存在しないに等しいように感じる。短い時間尺度の中では意義があると感じていた自分の業績が、分厚いグランド・キャニオンの二億年の地層の狭間では、どのような意味があるのか分からなくなる。人類の歴史でさえ、悠久の時間の中で虚しくも短すぎるものに思えてくるのだ。

私たちの存在も、私たちの成したことも、無限の中では評価の軸を失い、意味を失う。そのときにこそ、環境中の物たちは、私たち人間が押し付ける意味を退け、人間の目的に奉仕することをやめ、人間の意図によって飼い馴らされた状態から解放され、バグビーが言うように自己を主張し始めるのである。もともと人間の目的と意図のもとに作られた人工物も、ゴミとして打ち捨てられることによって、それまでの文脈や関連が剥離し、かえって物の存在の本来の無意味さをはっきりと表現するようになる。物たちは、無限の中で自らを見失った人間に対しては、骨身に堪えるほど荒涼とした、だが濃密な実在感をもった存在となっていく。私たちは、その物たちの現前を目の前にして茫然となり、また陶然となり、ただ立ちつくすのである。

そうしたときに、私たち人間は世界を祭る。無限は境界のない全体であり、私たちはこの全体の中で、意味から自由になった恐怖と喜びとを味わう。全く同じ元の状態に戻るということのない自然の循環のなかで、私たちは自分たちもその巨大な循環の中の、あまりに小さい渦のようなものでしかないことを実感する。崇高とは、自然の無限の循環力を目の当たりにした感情である。ウィルダネスの身勝手さや制御不能性、予見不可能性は、究極的に、この力から来ている。この無限の循環の中での、私たちの人生は旅である。全体の中で意味づけを受けることのない人生の流れとは、旅である。無限の中の生命とは、根本的には、意味も方向性も目的地もない旅である。

では、最初の問題に戻ってみよう。和辻の何が問題だったのだろうか。『風土』に植民地主義的な傾向があるのだとすれば、和辻はどのように異国の風土を描き、自分の旅行経験をどのように叙述するべきだったのだろうか。

『風土』は日記のかたちで書かれるべきだったのではないだろうか。

日記は、その叙述に結末がなく、終着点から編集されることがない。その叙述の一区切りは、疲労によって、睡眠によって、日没によって、人に話しかけられることによって、突発事によって、ふいに訪れる。旅行を表現するには、日付や場所を記して自分の経験を記述し、そのときに自分に去来する考えを記録する以外にない。起承転結を十分に考慮する時間と余裕は旅の中にはないし、資料や文献を必要とする論文など書けない。日記は、旅行の経験を旅行の中で書いた物である。人生という旅を、人生が終わらないうちに、その旅程のなかで書くことである。書くことは、考えることと同じく、身体的な行為なのである。

旅の最中に、終局地点から全体を意味づけるようなものを書くことは不可能である。そうした表現は旅のあり方と矛盾する。日記であれば、ある地域の自然と人々の歴史的な交流を、無理に一定の固定的な図式に当てはめることもなかっただろう。暮らしたことのない沙漠の生活の本質を、自分は理解できるなどという発言をする必要もなかっただろう。そしてダーウィンの航海日誌がそうであるように、日記では旅行者がどのような状態にあるかをくっきりと読み取ることができる。

日記の筆者は、無色透明の観察主体ではありえない。無限を意識するあらゆる思想はじつは日記の形でしか表現できないではないだろうか。旅行の経験は、日記でしか書くことができないからである。エマーソンやソロー、ミューア、バグビーがそうしたように。

第六章　放射能の現象学

文明は人間の勝利ではなく、意図的敗北の結果である。

――串田孫一『アルプ――特集　串田孫一』山と渓谷社、二〇〇七年、二七頁。

フクシマの事故

二〇一一年の東日本大震災がいかに恐るべき災害であったかは、あまりに数多く語られ、あまりに実感されることが少ないのかもしれない。地震による被害はそのマグニチュードの大きさに比較して小規模で済んだが、そのあとに東北と関東地方を襲った津波は悲惨な被害をもたらした。しかし本章で論じたいのは、地震と津波を原因として生じた福島第一原子力発電所事故である(1)。

二〇一一年の秋にスペインのセゴビアで開催された現象学の国際学会で、筆者は大震災と原子力発電所の事故について報告した(2)。この国際学会にはさまざまな国からの参加者があった。「フクシマ」の事故に関する危惧と今後のエネルギー政策のあるべき方向性には、大きな関心が向けられた。

現象学とは、一言でいえば、意味のある経験について記述する方法である。私たちの経験のなかには、相互に関連性のある意味のあるまとまりが存在する。たとえば、「痛み」という経験はそうした経験のひとつである。痛みにはさまざまな種類がある。キリキリした痛み、ずきずき脈打つような痛み、切傷、擦り傷、深くて鈍い筋肉痛、締め付けるような内臓の痛み、腱が引きつる痛みなど。痛みには損傷の場所やその状態についての情報だけでなく、損傷の原因についての情報が豊かに含まれている。痛みの強度は損傷の重大さを教えてくれる。それらの痛みの本質的な特徴があるだろうか。それぞれの痛みはどのような関係にあるのだろうか。そうした経験の構造を記述し、「痛みとはどういう経験か」について追求するのが、現象学である。

セゴビアでの学会での発表は、世界が安全に暮らせる場所であるためには、どのような価値が尊重されるべきかというテーマであった。ところが、ある参加者から「現象学は経験を扱う学問だが、放射能の現象学はありうるのだろうか」という質問が投げかけられた。放射能は人間には知覚できない。知覚できないものの経験はありえないという指摘である。本書の旅の最後として、放射能の現象学は可能かどうかについて考察しよう。

放射能の知覚

放射能とは、放射性同位元素が放射性崩壊を起こして別の元素へと変化する性質のことである。そのときには、アルファ線、ベータ線、ガンマ線の放出が伴う。たしかに、これらの放射線を人間は直接に知覚できない。しかしそれらは、動物の身体に、知覚可能な損傷を引き起こすことはよく知られている。

電離放射線の電離作用が体細胞のDNAを障害して、遺伝情報が損傷する。DNAが回復不可能なほど損傷されると細胞死を起こすか、遺伝情報を損傷したまま固定化する。放射線障害には、急性放射線症候群と晩発性放射線症候群、そして遺伝的影響があげられる。急性症候群とは、短期間に大量の放射線に被曝することによる確定的影響によって、二〜三カ月以内に生じる障害である。確定的影響とは、因果的にはっきり特定できる形で影響があるということである。急性症候群には、たとえば、吐き気、倦怠感、下痢に始まり、皮膚障害、不妊、消化器症候群、放射性神経障害、放射線肺炎、急性骨髄症、造血臓器機の不全などが生じる。予後は被曝線量に依存している。

他方、晩発性症候群とは、被曝してのち、確率的影響によってながい潜伏期間を経て現れる障害である。癌、白血病、白内障、悪性貧血、老化、遺伝的影響などがある。確率的とは、原因と症状との因果関係が確率的・疫学的にしか特定できないことである。急性症候群における確定的影響は影響の発生する最小線量である閾値が存在し、確率的影響には閾値となる最低線量がないとされる。すなわち、平均的には影響の出ないとされる線量でも有害な効果を受ける人たちがいることになる。そして三番目の、遺伝的影響とは、放射線によって生殖細胞に起こった変化・損傷を原因とした突然変異が発症することである。

放射能は、人間の身体によって見たり、聞いたり、触れたりすることはできない。しかしながら、筆者は二つの意味において、放射能の知覚経験をもつことができると主張したい。

ひとつは、当然のことながら、私たちはガイガーカウンターなどの機器を使ってアルファ線、ベータ線、ガンマ線を測定できることである。(3) 放射線量が強くなれば、ガイガーカウンターの音も高くなり、私たちは機械の反応を知覚できる。いや、それは器具を使った測定であり知覚ではない、という反論がありえる。しかし私たちの知覚はしばしば道具や器具、あるいは機械に媒介されている。メガネやコンタクトレンズ、補聴器がそうであるし、視覚障害者にとっての白杖は重要な知覚情報をもたらしてくれる。白杖で左右にリズミカルに地面を叩くと、地面の勾配、肌理、乾湿などの状態に関してはもちろん、前方や側方の物体の有無やどの方向が開いているかも知覚することができる。むしろ私たちの身体の特徴は、皮膚という肉体の境界を越えて自己の身体を外界に向けて膨らまし、道具や器具を文字通りに自分の身体の一部として取り込めることにあるのではないだろうか。私たちは放射能を、道具の媒介を通して知覚できるのだ。

しかし、次のような場合はどうだろうか。ある人が放射線に被曝してからかなりの時間が経ち、その後、食欲不振といった体調不良を訴えた場合である。問題は二つある。まず、当人が被曝したかを知っているかどうかである。第二に、仮に被曝を知っているとして、その食欲不振が放射線によって引き起こされたものであるかどうかをどのように確定するかである。晩発性の症候群は、先に述べたように確率的である。したがって、被曝と症候群との関係は統計学的であり、疫学的である。ひとつの障害の原因は通常、複雑であるから、その唯一の原因を特定することは理論的にもできない。晩発性症候群について、いかなる科学的研究も、この一人の患者の障害の原因は放射線被曝だと確定的に同定することなどできない。

　であるとすれば、この患者が自分の体調不良の原因が放射能被曝だと信じている場合には、この信念は単に個人的で主観的なものだと言ってよいのだろうか。そうとは思われない。この患者は、ある特定の文脈に置かれることによって、そうした信念を持つように強いられているからである。

　ゲシュタルト心理学によれば、いかなる知覚的な所与も一定の文脈ないし背景のなかで与えられ、そうした文脈や背景から孤立した所与は存在しない。たとえば、太陽の大きさは、同時に見える背景との比較で知覚される。したがって、天空のなかにぽっかり浮かんでいる真昼の太陽よりも、地平線上で他の建物と比較される夕日の方が大きく見えるのである。

　あるいは、痛みも同様である。これも以前の著作で論じたことだが、痛みは、当人が置かれている状況に応じて強度が変化する。(4) 第二次世界大戦の時、市民と戦場から運ばれてきた兵士とでは、同じような重傷を負っていても、その痛みに対する判断は異なった。兵士は深刻な損傷を負っていてもそれほど痛みを訴えず、鎮痛剤を欲しがらなかったのに対して、同じ損傷を負った市民は、はるかに大きく痛みを訴え、鎮痛剤を要求したのである。[5] 同じ損傷で八割強の市民が鎮痛剤を要求したのに対して、兵士においては三割強にすぎなかった。なぜ兵士は痛みをそれほど訴えなかったのだろうか。それは、戦場から安全な病院に移送され、安心できる環境に置かれたことで、負傷の意味が異なっていたからである。負傷によって通常の生活を失った街の市民と異なり、戦場での深い心理的なトラウマを負った兵士は、まさに負傷のおかげで、「これで故郷に帰れる、死ななくてすむ」という安堵の気持ちを得ることができた。同じ程度に重いケガでも、市民と兵士とではそれを受け取る文脈が異なり、そのことが痛みの知覚を変えたのである。

看護学の西村ユミの研究によれば、痛みは人間関係や社会的な文脈によっても変化する。ある末期ガン患者は、絶えることなく痛みを訴えていた。しかし、ある看護師が患者の痛みに応答して、介護を試みたときには、その患者は痛みを訴えるのを止め、和らいだ表情になったという。痛みは、周囲の人たちがその痛みをどのように扱うか、その認識や態度によっても変化するのである。[6]

ここから分かるように、痛みとは、身体的損傷によって生じる機械的反応ではなく、損傷箇所に対する対処とケアを求める患者の要望の表現である。あらゆる経験はつねに他の経験と関連性を持っており、それがどのような経験と結びつくかによって異なって意味づけられる。痛みも同様である。

ここで最初に戻って、被曝患者の食欲不振の意味について考えてみよう。もし患者が自分の食欲不振が、単なる疲労やインフルエンザからくる症状だと信じていたならば、その患者は食欲不振をそれほど問題と感じないだろう。しかし、もしその患者がそれが被曝のせいだと思ったならば、食欲不振は非常に異なった意味を持ってくる。それは身体の状態全体への不安を惹起し、さらなる症状への恐怖や、その放射能汚染を作り出した人物や組織への怒りなどを生じさせるはずだろう。

実際に福島第一発電所の事故では、近隣住民に急性症候群に陥った人はいなかった。しかし他方で、晩発性効果は確率的であり、閾値がない。少ない線量であっても加算されれば、大きな線量を浴びたのと同様の害をもたらす可能性がある。また、体内に放射性物質が取り入れられた場合には、内部被曝を起こすことはよく知られている。放射線は、その意味でつねに危険な効果を持つのである。

放射線がどのような晩発性効果をもたらすのかが、根本的に不確かである。症状の出方は個人の体質によっても異なるはずであるが、自分が放射線に対してどのような体質を持った人間なのかを私たちは普通知らない。そして、今回の原発事故の被害を被った地域において放射性物質の除染を完全に行うことはなかなか困難である。これらのことを考えると、被災者は、食欲不振や吐き気、疲労などの小さな症状をつねに放射線の晩発性効果と結びつけてしまいがちであるのは不思議ではない。それは、悪性腫瘍や遺伝性障害への不安や恐れを引き起こす。被災者たちは、放射性物質に汚染された場所という背景と文脈のなかで、自己身体の条件を経験しているのである。不確定さと不安が、放射能に晒された地域における身体経験と知覚の背景、文脈、地平を構成している。こうして、放射能は、原発事故の被災者の生活世界から、親密性、安全性、信頼性、故郷としての居心地の良さ、そして未来を奪ってしまう。

林京子の被曝の経験

二〇一一年六月九日、作家の村上春樹は、スペインのカタルーニャ自治州が世界の人文科学の分野で活躍した人に贈る第二三回カタルーニャ国際賞を受賞した。そこで「非現実的な夢想家として」というタイトルで福島の原発事故についてのスピーチのなかで、以下のように述べた。

核という圧倒的な力の前では、我々は誰しも被害者であり、また加害者でもあるのです。その力の脅威にさらされているという点においては、我々はすべて被害者でありますし、その力を引き出したという点においては、またその力の行使を防げなかったという点においては、我々はすべて加害者でもあります。〔……〕福島第一発電所の事故は、日本人が体験した二度目の大きな核の被害です。ですが、今回は爆弾が落とされたわけではありません。私たち自身の手で過ちを犯したのです。(7)

村上は、福島の問題を、アメリカのスリーマイルズ島やウクライナのチェルノブイリといった原発事故と結びつけるだけではなく、広島や長崎、そして第五福竜丸の被曝といった核兵器の使用による受苦の文脈とも結びつけた。

核兵器と原子力発電とは利用目的がまったく違うので、同じ文脈に入れることを不適切だと思う人もいるだろう。しかし、いかに異なった意図で作れたのだと説得しようとしても、被曝した人間にとっては、自分が意図せざる損害をもたらしたのは人間が作った核分裂反応であるという事実は変わらない。そしてその人工物は、恐ろしく危険であることが最初から分かっていて、自分たちに使用されたのである。包丁という人工物は扱いを誤るとケガをするというのとは訳が違う。人間の作り出した放射能という危険物そのものの存否を問いたいのである。

また、村上が「私たち自身の」と言うときには、その「私たち」とは日本人を意味している。これに対しても次のような反論があるだろう。重大な責任を追うべきは、発電所を作り、効率の観点から危険性を軽視してきた電力会社の責任者たち、原発政策を推進してきた政治家や役人たち、そのための研究と知識を提供してきた科学者たちである。被災者を含んだ国民は彼らの被害者である。村上は、「私たち日本人」という言葉を使うことで、一緒くたにしてはならない人たちをひとまとめにしてしまっている。こういう批判もありうるだろう。

ある程度までは、その通りである。しかし私たち国民も、ほんの一握りの警告者や反対者を除いて、原発の本当の危険性を知ろうとはしなかったのではないか。広島、長崎、第五福竜丸だけではない。私たちは、スリーマイルズ島やチェルノブイリといった海外の大事故、国内原発のさまざまな中小規模の事故たちを知りながら、それを自分たちの真の問題として引き受けずに来たからである。津波も同様である。東日本大震災が起こる七年前の二〇〇四年に、インドネシアのスマトラ島北西沖のインド洋で発生したスマトラ島沖地震とそのあとの凄まじい津波が、二二万人以上もの恐ろしい数の死者を出したことをテレビで見て知りながら、それが自分たちにも降りかかる可能性について警戒を怠ったのである。日本人の多くは、インドネシア人に起こったことを我がこととして共感しなかったのだ。福島の原発事故は、日本人の問題としてひとりひとりが引き受けなければならないだろう。

そこで、筆者が取り上げたいのは、何人かの文学者たちの証言である。まず誰よりも先に見るべきは、作家、林京子の被曝体験に基づいた小説とエッセイである。村上に先んじて、林の小説とエッセイは、原爆と原発を結びつけ、核を生命に反するものとして描き出し、放射能に汚染された生活世界に生きることがどのようなものであるかを伝えてくれる。(8)

林京子は、原子爆弾による被曝経験を持ち、その被害を記録し、繰り返し語ってきた現代日本を代表する作家である。これまで、芥川賞(一九七五年)、川端賞(一九八三年)、谷崎賞(一九九〇年)、野間文芸賞(二〇〇〇年)などの数多くの文学賞を送られている。林は、一九三〇年に四人姉妹の三番目として長崎県に生まれ、誕生の翌年に家族とともに、父の勤務先である上海に移住する。[9]だが、一四歳であった一九四五年二月に、父を除いた家族で長崎に帰国した。母と姉妹三人は諫早に疎開したが、京子はひとり県立長崎高等女学校三年に編入する。そして、八月九日、市内の軍事工場で学徒動員中に、インプロージョン方式のプルトニウム原子爆弾、ファットマンの核爆発によって被曝する。工場は爆心地から一・四キロの至近距離にあった。

林は奇跡的に生存し、完全に破壊された中心地区から脱出することができた。しかしその後、彼女は二カ月に渡って体調を壊す。避難する間に放射線に晒されたことに加え、放射性物質を吸収したことによる内部被曝が原因である。彼女によれば、彼女は「八月九日に破壊された」のである。他の被曝者の多くと同じく、林もその後、健康の不調に苦しみ、後遺症の恐怖、とくに、自分の生んだ子孫に障害を与えるかもしれない不安に悩み続ける。

林は、爆心地から脱出し、家族と再会するまでの経験を描いた短編小説の『祭りの場』によって一九七五年度の芥川賞を受ける。[10]『祭りの場』や『二人の墓標』[11]は、原爆投下後の長崎と被曝した人々を、客観的で静かな、抑制された筆致で描いた作品である。中学生の少女たちの体を、目を背けたくなるような無残なものに変えてしまう爆弾の残酷さと恐ろしさ、罪深さが、読む者に強い衝撃を与える。林はその後も、原爆についての自身の経験をもとにした小説を書き続ける。

しかし、もし私たちが、原爆の熱線と放射線がもたらす地獄絵だけではなく、林の経験と原子力発電所の事故との共通性にも目を向けようとするのであれば、『長い時間をかけた人間の経験』（二〇〇〇年）や『希望』（二〇〇五年）は教えることがきわめて大きいはずである。それらは、原爆の身体的・心理的な後遺症とともに生きた五〇年の経験について語った作品だからである。[12]『祭りの場』で林は、一四歳だった当時の視点と作家としての現在の視点を、意図的に交錯させながら被爆の経験を描き出している。現在の視点は、一四歳の少女では理解できなかった出来事を解釈し補足するために差し入れられる。[13]二〇〇〇年に出版された『長い時間をかけた人間の経験』は、一九九八年にパキスタンがインドに対抗して、核兵器所有を宣言し、核実験を行ったことに刺激を受けて書かれたエッセイ風の作品である。この著作で、林は、自分の半生を再び振り返り、被爆し、手術を繰り返しながら、毎年、三人、四人と亡くなっていった自分の友人たちと自分の関係に思いを巡らせる。

長崎で被爆・被曝してから五〇年以上が経過した。林はいまだ癌などの被曝症状に悩まされていない。林は思う。「ここまで生きてくれればもう大丈夫[14]」。いま彼女が死んでも、その原因は八月九日の被曝のせいではない。林は原爆症による「死の許容範囲」から逃れきったのである。「歓喜の声を上げてから、はて、と私は首を傾げた。誰に向かって私は喝采を叫んでいるのか。また、何が大丈夫なのか」と。

早すぎる死は、「原子爆弾と人間との間に交わされた約束」である。[15]一四歳の少女はその約束が無効になるまで、五〇年も待たねばならなかった。原爆との契約が解除されたとき、林は自分の人生の意味を問い直す。彼女は被爆した後の人生でも、ときに自分の母親との間に、夫との間に、子どもの澄んだ瞳の中に、心の平安と幸福とを見出してきた。しかしそれらはすべて一時的であった。

毎年八月九日には、過去と向き合あうことになるからである。それと向き合って生きるより身の置き場がなかった。そうした彼女を、夫は「お前との生活は被爆者との生活以上ではなかった」と言い残して立ち去る。夫を責めることができるだろうか。私たちは原発事故以降、生活が放射線被曝に絡め取られ、同じようなかたちで解体してしまう家族や地域をいくつもみたのではないだろうか。筆者が福島県で哲学カフェを開いたとき、生活のすべての局面が「被災」の生活になってしまい、それゆえに心身を失調し、妻と離婚された方の話を聞くことがあった。

『トリニティからトリニティへ』と『長い時間をかけた人間の経験』の後半は、林が、一九九九年九月に、ニューメキシコ州ロスアラモスにあるトリニティ実験場を訪れた経験から書かれている。

人類最初の原爆実験が、一九四五年の七月一六日に行われたのは、このトリニティ実験場であった。実験はマンハッタン計画の一環として行われた。マンハッタン計画とは、ナチス・ドイツの核保有を恐れた連合国側が、それに先んじて原子爆弾を開発製造することを目的としたものである。ルーズベルト大統領の元で、ロバート・オッペンハイマーを科学部門のリーダーとして推進された。実験で用いられたのは爆縮型プラトニウム原子爆弾「ガジェット」で、長崎に投下されたものと同型である。ルーズベルトは一九四五年四月に脳卒中で突然に死去し、広島と長崎への原爆投下を命じたのは、ハリー・S・トルーマンである。

林がトリニティ実験場への訪問を決意したのは、トリニティで始まったものはトリニティで終わるべきだと考えたからである。しかし同時に、この旅で訪問するニューメキシコ州は、林のお気に入りの画家、ジョージア・オキーフ（Georgia O'Keeffe 一八八七〜一九八六）が最後のときを過ごした場所でもある。林は、ニューメキシコの自然の中に、オキーフが描いた「孤独と女性の身体」を見に行きたいと考えたのである。

直接人の形を描いた絵は、私の知る範囲では片手に満たないが、オキーフが好んで描く花、山などの自然のなかに、少女や熟した女の肉体がみえてくるのである。それが、彼女が求めた究極の生命なのかもしれない。少女の乳房のように滑らかに連なる桃色の砂山。女の性器を連想させる渓谷。茜色に染まった砂地と空は、繁殖を了えた初老の女だろうか。自然は肉体を写し、肉体は自然と混じりあって、山や花の蜜に姿を変えて命を得る。(16)

林は、彼女自身の身体とオキーフが描いたニューメキシコの自然を重ね合わせる。ニューメキシコの自然のなかを車で走り抜け、その美しくも荒々しい広大な光景を描写する林の筆致は生き生きとした感激と好奇心に満ちている。

街道の頭にトルコ石をかぶせるほどだから、山や岩肌に、秋空のようなトルコ石の断層が走っているのだろう。想像するだけで血が騒ぐが、車窓に広がる荒野の魅力は、捨てがたかった。トゲを生やした、かめの子だわし状の荒い褐色の草原と、研ぎあげた青龍刀で横一文字に山の首をはねたような、広大な大地のメサ。電信柱やテレビアンテナやビルディングがない空間の、安らぎ。道は大円形に展開する荒野を分け、地球の飛び石のようにおかれたメサが、三つ四つと並んで、ゆっくり去っていく。〔……〕赤土の塊に見えるミサは――おそらく人工的な建造物には、メサ以上に巨大なものは無いだろう――、堂々と巨大で高く、頂が真っ平らなのである。その上、山裾などという、けちな広がりは無い。

林はひどくメサが気に入ったようだ。彼女の感性は、宮本常一ではなく、ソローに近い。林はウィルダネスびいきである。しかし九月三〇日夜、林がトリニティ実験場を訪れる前の晩、テレビのニュースは、茨城県東海村の原子力発電所で、ウラン再転換プラントで重大な事故があったことを告げていた。いわゆる「東海村ＪＣＯ臨界事故」である。三人の作業員が、現場で常態化していた裏マニュアルに従って、危険でずさんな作業を行い、誤って核反応を起こしてしまう。そこで生じた大量の中性子線を浴び、そのうち二名が亡くなり、周囲に六六七名もの被曝者を出した。トリニティ実験場と東海村事故は、林を否が応でも八月九日へと再び連れ戻す(17)。

林はトリニティ実験場に到着し、ナショナル・アトミック・ミュージアムで資料と原爆投下のフィルムを、他の見学客のアメリカ人たちとともに見る。見学者たちは白人ばかりで、日本人がいることをどこかで意識しながらフィルムを見ている。彼らに何かを訴えたいが、それを胸の内にしまう林。ぎごちない一行はミュージアムを出て、係員の誘導で、「グラウンド・ゼロ」とされる地点へと沙漠のなかを歩いていく。周りは身の隠しどころのない曠野である。

実験場で渡された小冊子には、フェンスに囲まれた実験場の内部に一時間とどまると、〇・五ミリから一ミリレントゲンの放射線を浴びることになるとの注意が書かれていた。一年間に平均的なアメリカ人が自然に浴びる放射線の総量は、九〇ミリとされる。単純に計算すると通常の場所の四倍の放射線を、いまだに実験場は放っている。

実験場を取り囲むフェンス。背の高い樹木はない。トゲを持った低い植物、遠くの地平線には赤い肌をした山々。「ガラガラヘビに注意」と立て札には書かれているが、生き物の姿は見えない。目の前にある記念碑だけのグラウンド・ゼロに近づくにつれ、林は徐々に、被爆するまえの一四歳だったころの自分へと戻っていくことを感じていた。トリニティの爆心地は、八月九日、長崎の爆心地にいた以前の時間へと林を連れ戻す。


五十余年前の七月、原子爆弾の閃光はこの一点から、曠野の四方へ走ったのである。〔……〕閃光は降りしきる雨を煮えたぎらせ、白く泡立ちながら荒野を走り、無防備に立つ山肌を焼き、空に舞い上がったのである。その後の静寂。攻撃の姿勢をとる間もなく沈黙を強いられた、荒野のものたち。大地の底から、赤い山肌をさらした遠い山脈から、褐色の荒野から、ひたひたと無音の波が寄せてきて、私は身を縮めた。どんなに熱かっただろう——。「トリニティ・サイト」に立つこの時まで、私は、地上で最初の核の被害を受けたのは、わたしたち人間だと思っていた。そうではなかった。被爆者の先輩が、ここにいた。泣くことも叫ぶこともできないで、ここにいた。私の目に涙があふれた。(18)

林は、この実験場の記念碑の前で、「正真正銘の被爆」をしたのだ。トリニティを訪れ、原爆によって一番はじめに被爆したのはニューメキシコのウィルダネスであることに気づいた林は、八月九日に被爆したのは「林」というひとりの個人ではなく、ひとつの生命だったことにも気づくのである。放射線被曝は、生命に反するものなのだ。

二〇〇五年に発表された『希望』は、ひとりの原爆症に苦しむ若い女性が、理解ある医師の夫や周りの人びとの助けを得て、子どもに遺伝的な問題が生じるのではないかという恐怖を乗り越えていく物語である。夫となる人からプロポーズをされて、主人公の貴子は迷う。

貴子の心は揺れ動いていた。プロポーズされた動揺ではない。結婚、の二文字をみたとき脳裏に浮かんだのは、教授を探しにいった日の、研究室の光景である。焼け跡に父親の頭蓋骨を抱いて立った、自分の姿である。あれからの人生は何彼につけて、研究室の焼け跡に舞い戻る。長崎から帰って転校した女学生の同級生も、豚を飼わされた小学校時代の友人たちも、幾人かは結婚して子供を産んでいる。銀行の女子行員も結婚して、当然のように子供を産んでいる。そのたびに爆心地の色濃い残留放射能を吸い込んだ二次的な「被爆者」の貴子に引き戻される

のだ。(19)

主人公の貴子に投影された林の被爆・被曝経験は、ひとつの過ぎ去った出来事ではけっしてない。被爆・被曝という出来事は一種の尺度のようなものとなり、その後に続く出来事をその秤によって意味づけるようになる。

後続する出来事が被爆という最初の出来事の重力によって引き寄せられ、ひとつひとつ層を成して沈殿していく過程こそが、原爆被爆という経験なのである。林が体調を崩したり不調を感じたりしたときにはいつも、原爆の効果と結びつけられ、爆発によって亡くなった友人や恩師たちが思い起こされる。それはまた、子孫に遺伝的な悪影響を与えるのではないかという恐怖を林のうちに引き起こし、結婚や出産をあきらめた友人たちを思い起こさせる。現在の心身の不調は、すべて、原爆の爆発という過去の出来事からのいわば時間放射線によって照らし出される。あるいは、現在の心身の不調は、過去の被曝という出来事を新しい文脈のなかで何度も何度も呼び起こす。

放射能は、致死的な伝染病であるかのような意味を帯びる。パキスタンの核実験、スリーマイルズ島原発事故、東海村の原発事故、トリニティ実験場。林が誰かがあるいは何かが被曝したことを知るたびに、それらの出来事は自分の八月九日の経験と結びつき、再解釈されるのである。

アメリカの西部の砂漠は、一九五〇～六〇年台の冷戦期には核兵器の実験場となっていた。アメリカの環境文学の代表的作家、テリー・テンペスト・ウィリアムスは、『鳥と砂漠と湖と』という小説で、核実験に起因すると思われる自然と人間の健康への破壊的な影響を訴えている。彼女自身の母親が末期ガンに冒され、時期をほぼ同じくして、ユタ州グレートソルト湖の水位が異常上昇し、ベア川の渡り鳥保護区が危機に瀕していくのである。[20]『鳥と砂漠と湖と』は、レイチェル・カーソンの『沈黙の春』に似て、黙示録的な印象を与える著作である。

ウィリアムスの一族は一九世紀半ばにユタ州に入植し、何代にも渡って質朴で健康な生活を送って、ガンにかかる者はほとんどいなかった。だが、一族の女性にたくさんの乳がん患者が出るようになったのは、一九六〇年代からだった。著者の母、二人の祖母、六名の叔母がみな乳房の切除手術を受け、七名が亡くなった。著者自身も二回の乳房の組織検査で悪性すれすれと診断された。

そのときから著者は、ユタ州のモルモン教徒の女性に課されていた慎みを捨てた。親族たちが「片胸の女」にならざるを得なかったのは遺伝のせいではなく、ユタの西側に広がるネバダ州の砂漠で地上核爆発実験が一九五一年一月からから六二年七月のあいだに繰り返し行われたからだと気付いたからだった。「アメリカ南西部で成長する子どもたちは、汚染された牛から出る汚染されたミルクと、私の母も含めて母親の汚染された乳房から出る汚染された母乳を飲み、やがて片胸の女たちの一族の一員となっていくのだ[21]」。

著者の一族は、権威を尊敬し、従順を尊び、自分で考えることを奨励しない保守的なモルモン教徒である。しかし著者が自分の母親の遺体に見いだすのは、自分たちを最終的には殺していく権威に疑義を抱く不安と、疑義を抱けない無力さである。たとえ信仰を失い、共同体から異端者としての烙印を押されようとも、声を出すことを著者は決意する。原子力委員会がネバダの核実験場を「実質的には居住者のいない砂漠地帯」と見定めたときには、ウィリアムスの家族とグレートソルト湖の鳥たちは、実質的な「居住者」の範囲から外されていたのだ。彼女たちは、鳥たちとともに、いないはずの存在にさせられていた。つまり存在そのものが認知されていないのだ。

ウィリアムスは、ある夜、私は世界中からやってきた女たちが砂漠で赤々と燃える火をとり囲む夢を見る。そして彼女たちは、ショショーニ族のおばあさんからもらった歌を歌う。「ウサギのことをおもってごらん、どんなに静かに地面を歩くか。覚えておこうよ、こっちも静かに歩けるように」。

火の輪の数マイル風下では爆弾の実験が行われていた。ウサギが振動を感じた。彼らの前足や後ろ足の柔らかな裏側に砂の揺れが感じられ、メスキートやヤマヨモギの根がくすぶっていた。岩は内側も外側も熱く、砂塵を巻き上げる旋風が不自然にブンブン音を立てていた。そして新たに核実験があるたびに砂漠が重々しくうねるのをワタリカラスが見た。妊娠線が現れた。大地はその筋肉を失いかけていた。(22)

林のニューメキシコの自然への共感といかに似ているか。トリニティの最初の核爆発での被爆・被曝者には、ニューメキシコの砂漠だけではなく、もしかすると、距離としては遠いが隣接しているユタ州のウィリアムスの家族も含まれていたのかもしれない。そのようなつながりは、決して幻想ではないように思われる。

井上光晴の原子力発電所小説

井上光晴（一九二六〜一九九二年）もまた、放射能に汚染された生活世界を理解するために重要な作品を書いている。彼自身は被爆者ではないが、『手の家』六〇年代に広島と長崎への原爆投下に関するいくつかの小説を書いている[23]。

しかし本節で取り上げたいのは、『西海原子力発電所』（一九八六年）や『輸送』（一九九〇年）といった原子力発電所の問題を扱った小説である。後者は、チェルノブイリ原子力発電所の事故を契機として書かれている[24]。

林の小説が主に自分自身の経験について一人称の視点から書かれているのに対して、井上の上記の原発小説は推理小説的な雰囲気をもち、原発で働く人々、原発に賛成の住民、反対派住民、住民ではなく反対運動に加わっている人々などの人間どうしの葛藤を描き出している。

『西海原子力発電所』は、原発事故の危険性と、「何もかもが原発に結びついとる町[25]」の住民のあいだの複雑な利害関係を描き出した小説である。小説中の原発とその町は架空の設定であるが、それが佐賀県玄海町の玄海原子力発電所をモデルにしていることは明らかである。町の経済は著しく原発産業に依存しているが、町の住民は誰もが、一度大きな事故が起これば、それで町は終わりになってしまうことを知っている。

「今年か来年のうちに、西海原発で大きな事故が発生する。それで波戸の者はみんな犬か猫みたいな顔になってしまう。〔……〕これが、まともな人間のいうことですか」〔……〕

「出鱈目の話を信じとんなさるとね」

「出鱈目じゃないよ。ちゃんと唐津の病院からでた話なんだ。犬養という医者がちゃんと自分の耳で確かめとるのを、出鱈目といえるのかね」

「犬や猫の顔になりますか。原発がどうにかなったら、人間はみんな消えてしまうとでしょう」(26)

原発事故で、人間が犬や猫のような顔になってしまうと考えるのも奇妙なら、核爆発のときのように人間が消えてしまうと考えるのも極端だ。このような極端な考えが蔓延するのは、背後に情報不足からくる不安の念があるからだ。井上の小説は、日本における原発リスクが不平等に配分されていることを告発する。すでによく知られているように、原子力発電所が存在している地域は、過疎化して経済的に疲弊している場所が多く、住民は電力会社や政府の関連補助金に大きく依存している。小説の中だけの話ではなく、こうした地域間の経済的な不平等は、この二〇年の間にさらにひどく広がったのである。

また井上は、この小説で一体誰が放射線被曝の「被害者」という名前において原発を批判する権利をもっているかを問い糾す。『西海原子力発電所』の設定では、他県からこの地域にやってきた反対運動グループのなかには、長崎の原爆の被爆者がいる。しかし本人は自分が被爆者だということを知られたくなく、そのことをけっして口に出さない。他方、そのグループには、被爆者を偽りながら、長い間、原爆症患者として差別を受け続けてきた人がいる。しかし偽りといっても、原爆投下直後の長崎で作業をしており、たしかに残留した放射性物質によって被曝はしているのだ。だが、原爆の被爆者は、その人を偽りの被爆者と呼んで許さない。地元の反対派住民には、原発事故による被曝者がいる一方で、被曝者を装っている者もいる。この中で、一体、誰が「真の」放射線の被曝者と言えるのだろうか。このように放射能の危険を訴える人びとを分裂させてしまうものは何なのだろうか。これとまったく同じことが二〇一一年の被災地でも起こったのではなかっただろうか。

『輸送』は、使用済み核燃料を輸送中に生じる事故と、それにより内部被曝に晒され、さらなる被曝の危険性に怯える人々を描いた物語である。何台もの警察車両に守られながら使用済み核燃料を輸送中のトラックが、運転手の突然の病気によって、満載したプルトニウム燃料もろとも冬の高波が立つ海中へと没するのである。テロを想定した厳重な警戒も、運転手の病気ひとつで簡単に無力化してしまう。
『輸送』という物語では、主に二つの点に焦点が当てられている。ひとつは人々の不安であり、もうひとつは地元の人々の対立と葛藤である。

不安は恐怖とは異なり、対象が不確定で不可視であることから生じる気持ちである。小説のなかで地元の人々は、自分の身体の状態に対してきわめて敏感である。下痢をしていないか、疲労していないかをいつも過敏なほどに気をつけて、肌の色や目の色（とくに、白内障）、食欲などに「不吉な兆候」がないかどうかを気にかけている。そして体調のことがつねに人々の話題に上る。

食物に対する不安や不信はとくに顕著である。地元産のニワトリや卵、魚、野菜などを口にするたびに、彼らは勇気を振り絞る必要があるのだ。いちいち気にしていたら何も食べられない、神経質になりすぎだ、といった発言に対して、老婆は「魚は食えんとたいね、矢張り」と返事をする。[27]この小説にはたくさんの食事のシーンが出てくるが、どの食べ物もおいしそうには見えない。固形物を喉の奥に無理やりに押し込んでいるかのようだ。食べている間には、誰もが話さないし笑わない。魚も食べられず、「風呂に入ると放射能が吹き出る」という噂から風呂も使わない。登場人物たちは次のように会話する。

「〔……〕魚も駄目、風呂も使えないじゃや、釣り宿はできないよ。もうやる気もなくなっているしさ」

「食べ物さえあればいいよ、風呂なしでもいいから話してみてくれないかな。面倒かけるけど〔……〕」

〔……〕

「あんた、新聞記者」

「いや、そういうんじゃないよ。個人的関心っていうのかな、ただ。……矢張り放射線の事故に関係しているのかなと思って。落ち着かなくてね。……」

「放射能に関係していないものなんて、何もなかとよ(28)」

あらゆるものが放射能に結びつけられた町で、何人かが抗議の集団自殺をするところで、この小説は終了する。ひどい閉塞感が残り、暗い絶望感が結末を支配する。

生命の無意味な豊かさ

文学は、私たちがどのような生活世界に住んでいるのかを表現し、それを自覚するための最も優れた方法である。林と井上は異なった気質と文体を持ちながら、放射能に汚染された世界を描くのに一定の共通性が見いだせる。

まず、文学賞授賞式での村上春樹の発言のように、林も井上も、原子力発電と核兵器とを結びつけていることである。たしかに、石油も石炭も、発電に使うこともあれば、兵器の燃料にもなっている。しかし原子力は、石油や石炭とは本質において異なる。そのひとつの大きな違いは危険度である。石油や石炭も人体に対して一定の有毒性を持っているとはいえ、原子力は比較にならないほど格段に危険である。放射性物質はあらゆる生命に害を及ぼす可能性がある。

放射能はそれ自体が人間の身体では直接知覚できず、その晩発性効果は閾値をもたない。放射能という対象の不確かさは、そこにあらゆる文脈を引き込む負の引力となる。放射能に汚染された地域は、すべてが放射能に関係してしまい、人々はその中に閉じ込められる。いかなる身体の不調も、不眠も、疲労も、すべてが放射線障害の兆候として意味づけられる。そこでは死をもたらす多様な原因はなく、死はすべて放射線被曝という唯一の原因に結び付けられる。林の配偶者が言ったように、「林京子」という名前を持った一人の人間、あるいは一人の女性は消え失せ、「被爆者」というカテゴリーに属する存在だけになる。

差別も同じく閉じ込める作用からできている。それは、ある人間を「放射能被害者」というひとつのカテゴリーに閉じ込め、そのことによって自分たちから異なった存在として排除する。あらゆる食事は、魚も農産物も、家畜もすべて放射能に結びつけられる。人々は、「何もかもが原発に結びついとる町」に住むのである。放射能に汚染された場所では、私たちの意識は、放射能という不可視の効果の領域に幽閉される。私たちの意識は、あたかも放射能と名付けられたブラックホールに吸引されるかのようである。汚染された生活世界は、他の生活世界から人々を引き離してしまいかねない。

原子力発電は、巨大なエネルギーを作り出す代償として、ある地域のあらゆるものを放射能に関連させてしまう。実際に、放射能汚染が起こらなくても、そこの自然環境と人々の生活とを放射能というひとつの意味に閉じ込めてしまう。それは、自然というこの上なく豊かな無意味さを、この上なく貧しいひとつの意味へと還元してしまうことではないだろうか。これが人間の志向性、すなわち、意識の働きの最悪の結果であり、最悪の表現なのではないだろうか。

人間の意味づけしようとする心の働きは、環境も自分自身も貧しくしていく。支配力や統制力を増やそうとして、自らの生をまずしくしていく。串田孫一は、「文明は人間の勝利ではなく、意図的敗北の結果である」と言った。人間は自然の多様性から身を引き、その豊穣な無意味さから撤退し、貧しい意味の世界を同胞と競い合いながら生きようとするのである。

林京子は、スリーマイルズ島で、チェルノブイリで、東海村で原子力発電所の事故が起こり、放射線を浴びた被害者が出るたびに、自身の八月九日の経験を思い出し、解釈し直していた。それによって彼女は、それらの事故の犠牲者ばかりでなく、トリニティ実験場近くのニューメキシコの自然にも共感を広げていく。その共感の拡大は同時に、彼女自身が、放射線汚染という恐ろしい閉じ込めの力を持った世界から自分自身を解放しようとする試みであるのだ。林が示したのは、放射能被害者の連帯こそが、放射線に汚染され意味が単一化していく生活世界から脱出するための唯一の方法だということである。それは、『鳥と砂漠と湖と』の作者、ウィリアムスが、核実験による環境の悪化と健康被害を告発することによって、はじめて自分の母親の死を受け止めることができ、心に癒しがもたらされたこととよく似ているのではないだろうか。

＊

古代マヤ文明では、高度の数学を駆使して驚くほど正確な暦を生み出した天文観測所があった。しかしその科学力では自然を統御するには遠かった。それでもなおかつ、王の権威を示し、既存の社会的秩序を維持せんがために観測所の近くにピラミッドが建てられ、たくさんの人身御供が差し出された。そして、自ら名誉の犠牲になろうとする人々が競って球技を行っていた。現代の私たちは、この古代の文明の愚かさを笑う資格がはたしてあるのだろうか。筆者には、私たちもほとんど同じことをしているように思われるのだ。私たちの「科学」なるものも、マヤの観測所とピラミッドを兼ねた存在になってしまっていないだろうか。大量の犠牲を求める「文明」となっていないだろうか。

メキシコのユカタン半島からはじまった本書の叙述は、ほぼ地球を一周、やや方向を変えて、ニューメキシコに到着した。ここで、一旦、この旅を終えることにしよう。

注

第一章　マヤ文明、チチェン・イツァの球技

（1）　マヤ低地南部の多くの都市が衰退した古典期終末期（八〇〇～一〇〇〇年）には、マヤ文明の中心は低地南部から低地北部に移った。しばしば言われる「九世紀のマヤ文明の衰退」は北部の都市では存在しなかったのである。九世紀にメキシコ中央高地のトルテカ文明がチチェン・イツァを支配したという説は、根拠が弱く、現在では否定されているという。青山和夫『マヤ文明――密林に栄えた石器文化』岩波新書、二〇一二年、一一八～一一九頁。増田義郎『物語ラテンアメリカの歴史――未来の大陸』中公新書、一九九八年。

（2）　土方美雄『マヤ・アステカの神々』新紀元社、二〇〇五年、二六～二七頁。

（3）　土方前掲書、四三頁。

第二章　旅の現象学――アリゾナの「山の身になって考える」

（1）　本著では、意味、目的、価値を総括して「意味」と呼ぶことがある。目的や価値の概念をも含意する、一番、

広範な概念に思われるからである。

（2）『境界の現象学——始源の海から流体の存在論へ』筑摩選書、二〇一四年。

（3）宮本常一『日本の村・海をひらいた人々』ちくま文庫、一九九五年、一一頁。

（4）ヘンリー・デイヴィッド・ソロー『コッド岬』飯田実訳、工作社、一九九三年、六二頁。

（5）前掲書、三六頁。

（6）H・G・O・ブレーク編『ソロー日記 春』山口晃訳、彩流社、二〇一三年、三〇〇頁。

（7）トロー『森林生活』水島耕一郎訳、成光館書店、一九一三年。

（8）Naess, Arne "The Shallow and the Deep, Long-Range Ecology Movement." Inquiry 16(1973): 95-100.

（9）アルド・レオポルド『野生のうたが聞こえる』新島義昭訳、講談社学術文庫、一九九七年、二〇六頁。

（10）前掲書、二〇七頁。

（11）前掲書、二〇九頁。

（12）レオポルド、前掲書、三一八頁。

（13）Vitali, T.R. "But they can't shoot back: What makes fair chase fair?" *Hunting: In search of the wild life (Philosophy for everyone)*. Ed. by Nathan Kowalsky, Wiley-Blackwell, 2010, p.27.

（14）根深誠『山の人生——マタギの村から』中公文庫、二〇一二年、九七頁。

（15）前掲書、九九頁。

（16）ヘンリー・デイヴィッド・ソロー『一市民の反抗——良心の声に従う自由と権利』山口晃訳、文遊社、二〇〇五年。

（17）『鳥と花の贈りもの』叶内拓哉・写真、暮しの手帖社、二〇一一年、一一二頁。

（18）邦題、『狩人と犬、最後の旅』、ニコラ・ヴァニエ監督、二〇〇四年。

第三章　パタゴニア、極大と極小の自然

（1）Bruce Chatwin『パタゴニア』（池澤夏樹個人編集 世界文学全集Ⅱ－08）芹沢真理子訳、河出書房新社、二〇〇九年。

（2）Couve,E. & Vidal,C., *Birds of Patagonia, Tierra del Fuego & Antarctic Peninsula*. Fantastico Sur, Chile, 2003. Rozzi, R. and collaborators. *Multi-Ethnic bird guide of the Sub-Antarctic forests of Soutrh America*. The University of North Texas Press & Ediciones Universidad de Magallanes, 2010.

（3）Rozzi, R., Lewis, L., William, B., Massardo, F., *Miniature Forests of Cape Horn: Ecotourism With a Hand Lens*. University of North Texas Press, 2012.

（4）『ソロー博物誌』山口晃訳、彩流社、二〇一一年、一四頁。

（5）Goffinet, B., Rozzi, R., Lewis, L., William, B., Massardo, F., *Miniature Forests of Cape Horn: Ecotourism With a Hand Lens*. University of North Texas Press, 2012.

（6）『自然について』（エマソン名著選）斎藤光訳、日本教文社、一九九六年、三〇頁。

（7）佐藤恵子『ヘッケルと進化の夢――一元論、エコロジー、系統樹』工作舎、二〇一五年。

（8）小畠郁生（日本語版監修）、戸田裕之訳、河出書房新社、二〇〇九年。

（9）佐藤前掲書、一二六頁。

（10）「生物多様性条約」外務省ＨＰ　http://www.mofa.go.jp/mofaj/gaiko/kankyo/jyoyaku/bio.html、及び、以下の著作を参考。エドワード・Ｏ・ウィルソン『生命の多様性』（上・下）大貫昌子・牧野俊一訳、岩波現代文庫、二〇〇四年。本川達雄『生物多様性――「私」から考える進化・遺伝・生態系』中公新書、二〇一五年。井田徹治『生物多様性とは何か』岩波新書、二〇一〇年。

（11）ウィルソン、前掲書下巻、一六〇～六一頁。

（12）前掲『自然について』、一九二頁。

（13） 前掲書、一九四頁。
（14） リチャード・E・ニスベット『木を見る西洋人 森を見る東洋人——思考の違いはいかにして生まれるか』村本由紀子訳、ダイヤモンド社、二〇〇四年。
（15） 前掲書、一九〇頁。
（16） リチャード・ジェルダード編著『エマソン入門——自然と一つになる哲学』澤西康史訳、日本教文社、一九九五年、一五〜一六頁。
（17） チャールズ・R・ダーウィン『新訳 ビーグル号航海記』上・下、荒俣宏訳、平凡社、二〇一三年。
（18） 前掲書、上巻、四二六頁。
（19） フランス・チリ・スペイン共同制作、Atacama Productions, Valdivia Film, Media pro, France 3 Cinema 2015.
（20） 『朝日新聞』二〇〇九年六月六日、夕刊七面。
（21） Rozzi, R., X. Arango, F. Massardo, C. Anderson, K. Heidinger & K. Moses. (2008). Field Environmental Philosophy and Biocultural Conservation: The Omora Ethnobotanical Park Educational Program. *Environmental Ethics* 30: 325-336.
（22） 日本においてもこうした考えと近い立場で、環境保護に取り組んでいるひとたちもいる。たとえば、「生活環境主義」と呼ばれる立場をとる環境倫理学・環境社会学者たち（鳥越皓之・嘉田由紀子編『水と人の環境史 増補版』御茶の水書房、一九九一年、初版一九八四年）や、「談義」という方法によって地域における環境問題を地域の当事者が中心になって解決することを支援する桑子敏雄のグループ（桑子敏雄『生命と風景の哲学——「空間の履歴」から読み解く』岩波書店、二〇一三年）がそうである。
（23） Rozzi, R. et all. *Multi-Ethinic bird guide of the sub-antarctic forests of South America*. The University of North Texas press & Ediciones Universidad de Magallanes, 2010.
（24） Rozzi et all. (2010).
（25） Rozzi and Jiménez (Eds.) (Eds.) (2014). *Magellanic Sub-Antarctic Ornithology: First Decade of Long-Term Bird Studies at the Omora Ethnobotanical Park, Cape Horn Biosphere Reserve, Chile*. The University of North Texas Press &

Ediciones Universidad de Magallanes.

(26) Rozzi et all. (2010): 115-117.

(27) 中村司『渡り鳥の世界——渡りの科学入門』山日ライブラリー、二〇一二年、第一章。

(28) 三中信宏『分類思考の世界——なぜヒトは万物を「種」に分けるのか』講談社現代新書、二〇〇九年、プロローグ参照。

(29) Rozzi, R. 2013. "Biocultural Ethics: From Biocultural Homogenization toward Biocultural Conservation." R. Rozzi, S.T.A. Pickett, C. Palmer, J.J. Armesto & J.B. Callicott (eds.). *Linking Ecology and Ethics for a Changing World: Values, Philosophy, and Action*. Springer: Nordrecht, The Netherlands, pp. 9-32.

(30) 本川、前掲書、一二一～一二三頁。

(31)『光のノスタルジア・真珠のボタン』パンフレット（岩波ホール）、一二一～一二三頁。

(32) Chapman, Anne. *Hain, Selknam Initiation Ceremony*. Zagier & Urruty Pubns, 2008.

第四章　水の哲学——ヨセミテからテキサスへ

(1) ブルース・チャトウィン、ポール・セルー『パタゴニアふたたび』池田栄一訳、白水社、二〇一五年、三二頁。

(2) N.Scotte Momaday, "A first American views his land," *National Geographic* (july 1976): 14, 18. 以下の著作から引用した。J・ベアード・キャリコット『地球の洞察——多文化時代の環境哲学』山内友三郎・村上弥生監訳、小林陽之助ほか訳、みすず書房、二〇〇九年、二七九頁。

(3) イマヌエル・カント『美と崇高の感情性に関する観察』上野直昭訳、岩波書店、一九四八年。

(4) エドモンド・バーク『崇高と美の観念の起原』中野好之訳、みすず書房、一九九九年。

(5)『コンコード川とマリック川の一週間』山口晃訳、而立社、二〇一〇年。

(6)『コッド岬——海辺の生活』飯田実訳、工作舎、一九九三年。

(7) ソロー『コッド岬――海辺の生活』一〇三頁。

(8) 『われらをめぐる海』日下実男訳、ハヤカワ文庫、一九七七年。『潮風の下で』上遠恵子訳、岩波文庫、二〇一二年、『海辺――生命のふるさと』上遠恵子訳、平川出版社、一九八七年。

(9) ミューアの生涯に関しては以下の本に詳しい。加藤則芳『森の聖者――自然保護の父ジョン・ミューア』ヤマケイ文庫、二〇一二年。

(10) 『はじめてのシエラの夏』岡島成行訳、宝島社、一九九三年。

(11) ミューア、前掲書、二〇七頁。

(12) 加藤前掲書、一五二～一七三頁参考。

(13) 上岡克己『アメリカの国立公園――自然保護運動と公園政策』築地書館、二〇〇二年、三章。

(14) 上岡前掲書、二一～二八頁。

(15) 上岡前掲書、五七頁。加藤前掲書、八章参考。

(16) R・F・ナッシュ編著『アメリカの環境主義――環境思想の歴史的アンソロジー』松野弘監訳、栗栖聡・藤川賢・川島耕司訳、同友館、二〇〇四年、第一一章ギフォード・ピンショー「保全」の誕生、一二四頁。

(17) ナッシュ前掲書、一二五頁。

(18) 以下の記述は、加藤前掲書、第八章、上岡前掲書、第三章を参考にした。

(19) ナッシュ編、前掲書、一五一頁。

(20) Naess, A. *The ecology of wisdom*. Ed. Alan Drengson and Bill Devall. Berkeley, CA: Counterpoint, 2008: 302-303.

(21) アラン・ドレングソン、井上有一共編『ディープ・エコロジー――生き方から考える環境の思想』井上有一監訳、昭和堂、二〇〇一年、九三～九四頁。

(22) Naess, op.cit., pp.140-141.

(23) Norton, Bryan, G. "Environmental ethics and weak anthropocentrism", *Environmental Ethics* 6 (1984): pp.131-148.

(24) 本川、前掲書、二七六～二七七頁。

(25) Naess, op.cit.p.300.

(26) Callicott, B. "From the balance of nature and the flux of nature" *Aldo Leopold and the ecological conscience*. *Ed. Richard L. Knight and Suzanne Riedel*. New York: Oxford University Press, 2002: 90-105.

(27) 「山嶺の「流」体力学――門坂流「山の肖像」」『山と私の対話』志水哲也編、みすず書房、二〇〇五年、一六七～一八九頁。

(28) レオポルド、前掲書、三三七頁。

(29) BBC News on line 16 June 2015: http://www.bbc.com/news/world-us-canada-33140732

第五章　コルシカ島の風土学

(1) "Why we think nature is beautiful" http://www.cep.unt.edu/show/

(2) 斎藤太郎「風景としての自然と文学」『自然と文学――環境論の視座から』柴田陽弘編著、慶應義塾大学出版会、二〇〇一年、七〇～九四頁。

(3) 松田隆美「所有される自然――ヨーロッパ中世文学の自然・環境・風景」前掲『自然と文学――環境論の視座から』、三二一～六九頁。

(4) ジョナサン・ベイト『ロマン派のエコロジー――ワーズワスと環境保護の伝統』小田佑弥・石幡直樹訳、松柏社、二〇〇〇年、七二～七三頁。

(5) 山水画の成立については以下の著作を参考。マイケル・サリヴァン『中国山水画の誕生』中野美代子・杉野目康子訳、一九九五年。

(6) ベルク、A『地球と存在の哲学――環境倫理を超えて』篠田勝英訳、ちくま新書、一九九六年、一〇五頁。

(7) エマソン名著選『自然について』斎藤光訳、日本教文社、一九九六年、二五七～二六〇頁。

(8) キャリコット編『地球の洞察』、第四章「東アジアの伝統的なディープ・エコロジー」、二〇〇～二〇一頁。

(9) ミューア、前掲書、二三五頁。

(10)　英文学者にして登山家の田部重治も、ネスと極めて似た境地に到達している。「〔……〕私の山に対する感情を大体三段階にまとめることが出来ると思う。第一は山をあこがれながら山に恐怖を感じた時、第二は山が自己であり自己が山であると感じて、その自己というものの考え方がごく狭い小さな自己を意味していた時、第三には自己は狭い自己を超越した自己であるということを考えるようになった時である」。田部重治著、近藤信之編『新編山と渓谷』岩波文庫、一九九三年、三二頁。
(11)　尾崎和彦『ディープ・エコロジーの原郷――ノルウェーの環境思想』東海大学出版会、二〇〇六年、一三七～一三九頁。
(12)　岩波文庫版（一九七九年）を参照した。
(13)『和辻哲郎随筆集』坂部恵編、岩波文庫、一九九五年、所収。
(14)　和辻、『風土』、九頁。
(15)　和辻、前掲書、一二頁。
(16)　和辻、前掲書、一四頁。
(17)　和辻、前掲書、一五頁。
(18)　和辻、前掲書、二〇頁。
(19)　和辻、前掲書、一六頁。
(20)『日本の風景・西洋の景観』篠田勝英訳、講談社現代新書、一九九〇年、四一～四二頁。
(21)　和辻、『風土』、二〇頁。
(22)　和辻、前掲書、一九～二〇頁。
(23)　和辻、前掲書、五五頁。
(24)　たとえば、『新古今和歌集』に納められた俊成卿女による歌「なき渡る雲ゐの雁の涙さへ露おく袖の夜半のかたしき」（現代訳「空を鳴き渡る雁の涙さえ落ちて、露を置くのだろうか――夜半、独り片袖を敷いて寝ている、私の袖に」）は、『古今集』の本歌取りであるが、典型的に人間中心主義的な価値を動物に投影している。このようなタイプの歌は、『古今』、『新古今』に数多く見られる。他方で、華厳経や道教における自然観の中に、現代の環境倫理の基礎になり得る思想を見る研究者もいる。Odin, S. "The Japanese Concept of Nature in Relation to the Environmental Ethics and Conservation Aesthetics of Aldo Leopold," *Environmental Ethics* 13 (1991) : 345-360. Kagawa-Fox, M. "Environmental Ethics from the Japanese Perspective." *Ethics, Place, and Environment* 13 (2010) : 57-73.

(25) 『文学に現はれたる我が国民思想の研究』(一) 岩波文庫、一九七七年、一七五頁。

(26) 『日本文学史序説』(上)、筑摩書房、一九七五年、七一頁。

(27) 深田久弥『百名山紀行』上・下、ヤマケイ文庫、二〇一五年。「万葉登山」の項、『山岳展望』朝日新聞社出版局、一九八二年を参照。

(28) 環境美学の基本概念については以下の著作を参考。Berleant, A. *The Aesthetics of Environment*. Philadelphia: Temple UP, 1992. Brady, E. *Aesthetics of the Natural Environment*. Tuscaloosa: University of Alabama Press, 2003. Carlson, A. *Nature and Landscape: An Introduction to Environmental Aesthetics*. NY: Columbia UP, 2009. Carlson, A. & Berleant, A. (Eds.) *The Aesthetics of Natural Environment*. Broadview Press, 2004. Carlson, A. & Lincott, S. (Eds.) *Nature, Aesthetics, and Environmentalism: For Beauty to Duty*. NY: Columbia UP, 2008. Persons, G. *Aesthetics & Nature*. NY: Continuum, 2008.

(29) キャリコット『地球の洞察』、二四一頁。

(30) 和辻照『和辻哲郎とともに』新潮社、一九六六年、参照。

(31) ヤコープ・フォン・ユクスキュル、ゲオルク・クリサート『生物から見た世界』日高敏隆・羽田節子訳、岩波文庫、二〇〇五年。

(32) Citation de « Des grandes terres de Hokkaidô aux chaînes trajectives de la mésologie » par Augustin Berque. *La pensée d'Augustin Berque et la philosophie japonaise*.

(33) 山田孝子『アイヌの世界観——「ことば」から読む自然と宇宙』講談社選書メチエ、一九九四年。

(34) Citation de « Des grandes terres de Hokkaidô aux chaînes trajectives de la mésologie » par Augustin Berque. *La pensée d'Augustin Berque et la philosophie japonaise Journée d'étude*, lundi 30 mars 2015.

（35）　岩波新書、一九九四年、四八頁。

（36）　以下の著作を参考。Oelschlaeger, M. The Idea of Wilderness: *From Prehistory to the Age of Ecology*. New Haven & London: Yale UP, 1991. Nash, R.F. *Wilderness and the American Mind*. 5th Ed. New Haven & London: Yale UP, 2014 (first edition 1967). McKibben, B. (Ed.) *American Earth: Environmental Writing since Thoreau*. NY: Library of America. Callicott, J.B. & Nelson, M.P. The Great New Wilderness Debate. Athens/ London: University of Georgia Press, 1998. Nelson, M.P. & Callicott, J.B. *The Wilderness Debate Rages On: Continuing the Great New Wilderness Debate*. Athens/ London: University of Georgia Press, 2008.

（37）　*The Great New Wilderness Debate*, pp.121.

（38）　ウィルダネス概念批判は、上掲の Oelschlaeger (1991); Nash (2014); Callicott & Nelson (1998); Nelson & Callicott (2008) にも数多く見られるが、とくに見通しのきいた以下の論文を参考のこと。Callicott, J.B. “Contemporary Criticism of the Received Wilderness Idea.” In Nelson & Callicott (2008): 355-377. Callicott, J.B. “What Wilderness in Frontier Ecosystems?” *Environmental Ethics* 30 (2008): 235-249. Woods, M. “Wilderness.” *A Companion to Environmental Philosophy*. Ed. By Jamieson, D. Blackwell, 2001: 349-361. Guha, R. “Radical American Environmentalism and Wilderness Preservation: A Third World Critique. *Environmental Ethics* 11(1989): 71-83.

（39）　Callicott, J.B. “The Implication of the ‘Shifting Paradigm’ in Ecology for Paradigm Shifts in the Philosophy of Conservation.” In Nelson & Callicott (2008): 571-600.

（40）　『老人と海』福田恆存訳、新潮文庫、二〇〇三年。

（41）　ヘミングウェイ、前掲書、八五頁。

（42）　Gaard, G. “Ecofeminism and Wilderness.” Environmental Ethics 19 (1997): 5-24. List, C.J. “The Virtue if Wild Leisure.” Environmental Ethics 27 (2005): 355-373. Rolston, H.III “Valuing Wildlands.” Environmental Ethics 7 (1985): 23-48.Wuerthner, G. Crist, E., & Butler, T. Keeping the Wild: Against the Domestication of Earth. Washington, D.C.: Island Press, 2014.

（43） Woods (2001).

（44） ウィルソン、前掲書（下）、二三七頁。

（45） Vest, J.H.C. "The Philosophical Significance of Wilderness Solitude." *Environmental Ethics* 9 (1987): 303-330.

（46） Cheny, J. "The Journey Home." An Invitation to Environmental Philosophy/" Ed. By Weston, A. NY/ Oxford: Oxford UP, 1999.

（47） 『新選　山のパンセ――串田孫一自選』岩波文庫、一九九五年、二七四～二七五頁。

（48） Cheney (1999): p.145.

（49） Ibid., p.149.

（50） Bugbee, H. *The Inward Moring: A philosophical Exploration in Journal Form*. Athen/ London: University of Georgia Press, 1999. (original 1958)

第六章　放射能の現象学

（1） 福島第一原子力発電所事故については、広河隆一『福島　原発と人びと』岩波新書、二〇一一年、東京電力福島原子力発電所事故調査委員会『国会事故調 報告書』徳間書店、二〇一二年、日本原子力学会・東京電力福島原子力発電所事故に関する調査委員会『福島第一原子力発電所事故その全貌と明日に向けた提言：学会事故調 最終報告書』丸善書店、二〇一四年。以下の本は、福島の事故を予言していたと言ってよいだろう。高木仁三郎『原発事故はなぜくりかえすのか』岩波新書、二〇〇〇年、田中三彦『原発はなぜ危険か――元設計技師の証言』岩波新書、一九九〇年。

（2） "The disastrous lifeworld: A phenomenological consideration on security, vulnerability, and resilience", *OPO IV World Conference on Phenomenology: Reason and Life. The Responsibility of Philosophy*, September 21st 2011, IE University, Campus de Santa Cruz la Real, Segovia, Spain.

（3） ただし、ガイガーカウンターは放射線の種類を弁別できず、一定範囲の放射線しか測定できないという限界はある。

（4）河野哲也『境界の現象学――始原の海から流体の存在論へ』筑摩選書、二〇一四年、第三章。

（5）Beecher, H.K. "Relationship of significance of would to pain experienced." *JAMA* 161 (1956), pp.1609-1613.

（6）『交流する身体――ケアを捉えなおす』ＮＨＫブックス、二〇〇七年。

（7）毎日新聞（二〇一一年六月一一日）http://mainichi.jp/enta/art/news/20110611k0000m040017000c.html

（8）原発に関する文学については、柿谷浩一『日本原発小説集』水声社、二〇一一年、木村朗子『震災後文学論――新しい日本文学のために』青土社、二〇一三年、外岡秀俊『震災と原発 国家の過ち――文学と読み解く「3・11」』朝日新書、二〇一二年、を参考にした。

（9）その思春期の頃の中国での生活の記憶は、『上海・ミッシェルの口紅』（講談社文芸文庫、二〇〇一年）に見ることができる。

（10）『祭りの場／ギヤマン ビードロ』講談社文芸文庫、一九八八年。

（11）『祭りの場／ギヤマン ビードロ』所収。

（12）『長い時間をかけた人間の経験』講談社文芸文庫、二〇〇五年。『希望』講談社文芸文庫、二〇一一年。

（13）岩川ありさ「記憶と前未来：林京子「祭りの場」と「長い時間をかけた人間の経験」をつないで」『言語情報科学』11、二〇一三年、一九一～二〇三頁。

（14）『長い時間をかけた人間の経験』一七頁。

（15）同上箇所。

（16）『長い時間をかけた人間の経験』一四六頁。

（17）『希望』所収の「収穫」という小品は、東海村臨界事故の後に、林が現地を訪ねた経験を基にして書かれ、老農夫の視点から、放射性物質によって汚染された農地が描かれており、福島の事故を予感させる。

（18）林、前掲書、一六四～一六五頁。

（19）『希望』一五〇～一五一頁。

(20) Terry Tempest Williams『鳥と砂漠と湖と』石井倫代訳、宝島社、一九五五年。
(21) 前掲書、三四二頁。
(22) 前掲書、三四七頁。
(23) 井上は以下の小説で、原爆被爆を扱っている。『手の家』(一九六〇年)、『血の群れ』(一九六三年)、『夏の客』(一九六五年)、『母、一九六七年夏』(一九六七年)、『明日』(一九八二年)。
(24) 『西海原子力発電所/輸送』講談社文芸文庫、二〇一四年。
(25) 井上、前掲書、五〇頁。
(26) 前掲書、五三頁。
(27) 『輸送』二二四頁。
(28) 前掲書、二五〇頁。

あとがき

本書は、本務校である立教大学から研究休暇をいただき、二〇一四年八月から二〇一五年三月まで、ノース・テキサス大学の環境哲学センターに滞在したときの研究をまとめたものです。同センターでの活動については、本書の第三～四章に詳しく書いておきました。素晴らしくホスピタリティに満ちた先生方、事務員の方々に囲まれて、充実した研究生活を送ることができました。二〇一四年度の休暇中に四冊分の原稿を書くことができましたが、これは本務校の研究休暇の制度がすぐれた効果を持つことを証するものだと思います。すべての関係者の方に感謝の気持ちを捧げたいと存じます。

本書は環境哲学をテーマとしていますが、二つの点で特徴があると思います。まず、なによりも経験するということを重視しています。そのために、通常の哲学の学術書とは少し異なった書き方をしています。つまり、自分が実際に経験したことを契機として問いを起こし、思索を手繰り、関連する著作をひもといていくという順番で書かれています。本文中でも書きましたが、応用哲学や応用倫理学と呼ばれる分野は、現場に身をひたしながらも同時にそこから距離をとって、真の問題を見つけ出すことが大切に思います。そうでなければ、従来の文献学的な哲学をただ現場に当てはめただけの安易なものになってしまうと思います。

環境哲学も、やはり環境問題が生じている現場に足を運び、またそこの自然に親しむ中で、私たちの文明のあり方を見つめ直す必要があると思います。今回本書ではさまざま場所に言及していますが、とは言っても、そのほとんどがせいぜい一週間から一カ月の旅行として訪れた場所です。旅行者にすぎない者がどれだけ、その場所の自然と人間の関わりを語ることができるのかと思うところもあり、幾つかの場所ではなるべく地元の人の話を聞く機会を作りました。

思考とは、どこでも、いつでも、同じように行える抽象的な作業であるかのように思われています。でもそれは、あたかも呼吸のように、同じ動作に見えても、場所によってさまざまに異なってくる、そしてその違いは自分の意図では制御できない、身体的で文脈依存的な行動に思われるのです。私たちは、ある場所の中で、ある時間の流れの中で、身体の働きの一部として考えるのです。この思考という身体運動の秘密をまだ私たちは全然気づいていないように思うのです。

また、本書の第二の特徴として、いままでの日本の哲学の世界では注目されてこなかった哲学者に日を当てました。エマーソンやソロー、ミューア、カーソン、ネス、そして、日本の串田などです。アメリカ・インディアンの思想もかなり取り上げています。難解で、解読に時間がかかる哲学書に日々触れていると、彼らの著作はなにか単純な言葉の連なりに思われるかもしれません。しかし、それらの哲学者の言葉は深い滋味があります。自然を訪れて、「そういうことだったのか」とはじめて納得し、理解する言葉もたくさんありました。

それに対して、カントやバーク、パスカル、和辻といった著名な哲学者が、かなり批判的に取り上げられていることは、本論をお読みなった方にはお分かりかと思います。彼らは素晴らしい業績を残した哲学者ですが、こと自然に関しては、若書きと呼びたくなるような記述が目に付きます。経験が足りないからだと思います。それに対して、インディアンの岩の思想は圧倒的な深みを持っています。

哲学に関しては、もはや天才崇拝はやめた方がよいのではないでしょうか。当たり前のこととして、優れた哲学者たちもただの人間であって、無知な分野については軽率や偏見にすぎない発言を多数残しているのです。それらをより分ける落ち着いた態度が必要でしょう。

串田やバグビーなどは、今回執筆していくうちに発見できた優れた哲学者です。ゆっくりと繰り返して読みたい言葉がたくさんありました。派生的にガンジーの言葉を読んでも、昔なら心に止まらなかった一見すると単純な発言が、幾千万の経験と多くの人々との交流に裏打ちされていることが感じられます。そうした単純に見えるが、とても重いものを背負った思想に私たちはもっと注目すべきだと思います。

現代思想のなかには、移民を擁護する主張を難解な言葉で表現したり、福島の原発事故の問題を解読しにくい文体で書いたりする哲学者がいます。それらは、いったい誰に向けて書かれたものなのでしょうか。当の移民や福島事故の被災者には到底、届きません。複雑な表現や文体で書いて、自分に似たインテリたちを感心させれば、移民問題や原発問題が解決するとでも言うのでしょうか。そうした知的階級制を当然の前提とした哲学にはもう私は何の関心も持てませんし、内容の乏しさを表現でごまかすやり方に騙されることがないようにしたいと思います。独創的な新しさを持ち、幾多の経験に支えられていて、しかも一般の人々に向けて書かれた哲学書が大切だと思います。

本書を執筆するにあたって、ご協力いただいた方はたくさんいますが、とくに、水声社をご紹介いただいた立教大学の野田研一先生、出版にあたっていろいろアドバイスいただいた編集者の飛田陽子さんに感謝の気持ちをお伝えしたいと思います。

帯のフクロウの写真は二〇一五～六年のＴＤＰプログラムに参加した竹泉優生さんにご提供いただきました。ご協力に感謝します。

なお、本書の研究の一部は、日本学術振興会の科学研究費補助金、基盤（A）「知のエコロジカル・ターン――人間的環境回復のための生態学的現象学」（24242001）に負っています。

二〇一六年三月　鵠沼にて

著者について——

河野哲也（こうのてつや）　一九六三年、東京に生まれる。博士（哲学）。現在、立教大学文学部教育学科教授。専攻は、哲学・倫理学、教育哲学、哲学プラクティス。主な著書に、『エコロジカルな心の哲学——ギブソンの実在論より』（勁草書房、二〇〇三年）、『環境に拡がる心——生態学的哲学の展開』（勁草書房、二〇〇五年）、『エコロジカル・セルフ——身体とアフォーダンス』（ナカニシヤ書店、二〇一一年）、『意識は実在しない——心・知覚・自由』（講談社選書メチエ、二〇一一年）、『境界の現象学——始原の海から流体の存在論へ』（筑摩選書、二〇一四年）などがある。

装幀——滝澤和子

いつかはみんな野生にもどる——環境の現象学

二〇一六年六月一日第一版第一刷印刷　二〇一六年六月一〇日第一版第一刷発行

著者——河野哲也

発行者——鈴木宏

発行所——株式会社水声社

東京都文京区小石川二—一〇—一　いろは館内　郵便番号一一二—〇〇〇二

電話〇三—三八一八—六〇四〇　FAX〇三—三八一八—二四三七

郵便振替〇〇一八〇—四—六五四一〇〇

URL : http://www.suiseisha.net

印刷・製本——モリモト印刷

ISBN978-4-8010-0188-6

乱丁・落丁本はお取り替えいたします。